U0279175

国际电气工程先进技术译丛

# 大规模锂离子电池管理系统

## Battery Management Systems for Large Lithium-Ion Battery Packs

[美] 达维德·安德里亚 (Davide Andrea) 著

李建林 李 蓓 房 凯 译
许守平 谢志佳 惠 东

机 械 工 业 出 版 社

本书主要介绍大规模锂离子电池组的电力电子和控制系统等相关内容，并不涉及电池化学原理方面的知识。针对大规模锂离子电池管理系统的技术、功能、拓扑、商业可行性、电子电路以及算法进行了专业深入的探究，并介绍了电池管理系统的部署问题。

在当前储能技术大力发展的背景下，这本适时出版的图书描述了本领域中重要的技术挑战，并探索了应对挑战的最有效的解决方法。本书通过列举大量的图形、图像和表格深入地阐述了为什么以及如何对锂离子电池管理系统进行设计、安装、配置和故障排除。这份实用资源对当下可用的规模化的电池管理系统进行了公正的描述和比较。此外，本书还针对在限定的功能要求下如何选择正确的电池管理系统保证锂离子电池组运行低消耗、少用时进行了描述。

# 译 者 的 话

锂离子电池储能系统是众多电化学储能系统中发展最快、最为成熟的一种，兆瓦级和百兆瓦级储能电站逐步成为热点，实际工程中需要数以万计的单体电池通过串并组合，因此对其进行能量管理和热管理就变得尤为重要。

本书对锂离子电池管理系统的结构、功能以及商业模式等进行了逐一介绍。首先，介绍了锂离子电池组和电池管理系统，并由此提出为锂离子电池组配备电池管理系统的必要性；其次，针对大规模锂离子电池管理系统的技术、功能、拓扑、商业可行性、电子电路以及算法进行了探讨和介绍；最后，针对大规模锂离子电池管理系统的部署问题进行了介绍。本书既适合作为广大读者的科普读物，又适用于高等院校的教材。

本书得到了国家电网公司科技项目（KY-SG-2016-204-JLDKY）和中国电力科学研究院专著出版基金的大力资助，在此深表谢意。中国电力科学研究院的修晓青、马会萌、靳文涛、杨水丽、徐少华等同志在本书的翻译过程中提供了诸多帮助并提出了宝贵意见，机械工业出版社的付承桂和诸多同志也为出版本书付出了辛勤的劳动，在此表示诚挚的感谢。

锂离子电池管理系统涉及多学科、多领域的专业知识，尽管译者竭力求实，但受到水平和专业领域所限，本书难免存在错误和不妥之处，恳请读者不吝赐正。

译 者
于中国电力科学研究院

# 原 书 前 言

在撰写本书时，锂离子电池（Li-Ion）已经成为消费类产品（例如手机或笔记本电脑）所用小型电池的主要选择，并且在汽车牵引和陆基分布式储能等大型电池应用中，也逐渐呈现出取代铅酸电池和镍氢电池的趋势。

仅当管理得当时，锂离子电池才能够表现出比其他化学电池更加优良的特性，因此，锂离子电池需要配备有效的电池管理系统（BMS）。

本书旨在协助工程师或项目管理者对大容量锂离子电池组进行选择、规定、设计、部署和应用的工作。

在过去的六年中，我开发了数个大型锂离子电池组用电池管理系统，积累了对这些系统需求、挑战和解决方法的见解，并通过讲演、出版白皮书和答疑等多种方式分享了我所了解的知识。我希望能够通过本书以一种更加系统和更加综合的方式与大家分享有关大型锂离子电池组管理系统的相关知识。由于我对于本领域的认识和了解并不是十分全面，因此书中的一些表述难免有不妥之处。对此，我表示诚挚的歉意，并希望读者能够通过网站（http://book.LiIonBMS.com）联系指正，以便于在勘误表和网站上做出澄清和回应。

本书主要关于电力电子和控制系统等相关内容，并不涉及化学原理方面的知识。在本书中，电池被看作是黑盒子，仅针对其对外等效电路进行介绍。总体而言，本书适合对物理和技术具有一定理解基础的人阅读。本书的第5章则为对于电力电子和软件算法具有一定基础的读者编写。

全书共分为6章，从基础概念开始，然后逐步延伸到更深层、更实用的细节。

● 第1章介绍了锂离子电池和电池管理系统的概念，并阐述了开发锂离子电池管理系统的必要性。

● 第2章论述了电池管理系统的分类方法：按功能分类、按技术方法以及按拓扑分类。

● 第3章讲解了电池管理系统可具备的功能。

● 第4章探究了商用电池管理系统方案。

● 第5章深入探究了电池管理系统的电子电路以及算法（如果需要设计定制的电池管理系统）。

● 第6章介绍了锂离子电池管理系统发布的全过程。

**Davide Andrea**

# 目　　录

# 第1章 概　　述

## 1.1　命名规则

### 1.1.1　单体电池、电池和电池组

在对电池组的各个组成部分的命名上存在着一些混淆，这或许是因为当我们提到"电池"时其实是指碱性单体电池，而往往忽略了汽车启动电池是由 6 个单体电池组合而成。

在本书中，我们对各组成部分的命名约定如下：

● 单体电池（cell）：电池最基础的组成元素（就锂离子单体电池而言其能提供 3 ~ 4V 电压）。

● 电池块（block）：由一系列单体电池并联组成，提供 3 ~ 4V 的电压。

● 电池（battery）：由一系列单体电池或电池块串联组成的独立的物理模块，可以提供更高的电压水平（例如，一个由 4 个单体电池串联组成的电池块正常工作时可以提供 12V 电压）。

● 电池组（pack）：由许多电池通过串联或并联组成的电池集合。

### 1.1.2　电阻

单体电池生产商通常在电池的参数表中列出的阻抗参数通常为交流阻抗（详见 1.2.7 节）。但是电池使用者需要知道的是，直流阻抗并非交流阻抗，因为电池正常工作时内部流动的是直流电流。因此，在本书中，所有的阻抗均特指单体电池或者电池的内部直流电阻。

## 1.2　锂离子单体电池

可充电锂离子单体电池在现有市售电池中具有最高的能量密度，并且功率密度也很高。锂离子单体电池凭借着其近乎卓越的性能（见图 1.1）已经成为如笔记本电脑和手机这样的消费类电子产品的首选。与此同时，锂离子单体电池也快速成为牵引类交通工具动力源的理想选择。

图 1.1　世界上最快的电动摩托 KillaCycle 烧胎

## 1.2.1　形状

锂离子单体电池一般具有 4 种基本形状（见图 1.2 和表 1.1）：圆柱形（分为大、小两种）、棱柱形和袋形。

图 1.2　锂离子单体电池形状：大、小圆柱形，棱柱形和袋形

这些锂离子单体电池的易用性使得它们在小型项目中更受青睐。圆柱形的锂离子单体电池在完全充电的化学反应过程中仍可以保持原有的形状不发生膨胀，而对于其他形状的单体电池来说，就必须选择合理的外壳来抑制膨胀。

此外，K2 能源公司将一系列小圆柱单体电池组装成为具有棱柱外形的电池，这些电池同时具备了小圆柱单体电池的机械特性、热特性和棱柱单体电池的易用特性。

**表 1.1 锂离子单体电池形状对比**

|  | 小圆柱 | 大圆柱 | 棱柱 | 袋状 |
|---|---|---|---|---|
| 外形 | 包裹成小圆柱状，一般长 65mm | 包裹成金属或硬塑圆柱状 | 中等硬度塑料包裹 | 软袋包裹 |
| 连接 | 镍焊接或铜条铜板焊接 | 螺栓螺母联接或螺栓螺纹联接 | 螺栓螺纹联接 | 标签夹连接或焊接 |
| 满充抗膨胀性 | 外形固有抗膨胀特性 | 外形固有抗膨胀特性 | 需要在电池尾部加装抗膨胀板 | 需要在电池尾部加装抗膨胀板 |
| 商业性 | 差：设计过程复杂，需要焊接，劳动强度大 | 好：需要一些设计 | 优秀：几乎不需要设计 | 非常差：需要很多的设计劳动 |
| 工作特性 | 好：焊接提供了较高的可靠性 | 好 | 优秀 | 好：高表现 |
| 替换特性 | 不可能 | 可能但不简单 | 简单 | 一般不可能 |
| 注释 | 易于改造，因为较小的外形可以适应各应用 | 一般不广泛应用 | 较高的可利用性，几乎不需要设计 | 高能量/功率密度，需要大量的设计工作量，一般在大型产品中才选择应用 |

## 1.2.2 化学过程

锂离子单体电池通过内部锂离子在正负电极之间嵌入和脱嵌进行充放电，锂离子在正负极之间的传递模式被戏称为"摇椅模式"。

锂离子单体电池大多采用聚合物电解质或凝胶电解质，而其他单体电池则大多采用非水液体电解质。

许多锂离子化合物可用于制作锂离子单体电池。通常情况下根据锂离子单体电池阴极材料对其进行命名。

- $LiCoO_2$：标准钴酸锂。
- $LiMnNiCo$：镍钴锰酸锂。
- $LiFePO_4$ 和 $Li_2FePO_4F$：纳米磷酸锂/磷酸锂/磷酸铁锂。
- $LiMnO_2$：锰酸锂。
- $Li_4Ti_5O_{12}$：钛酸锂。
- $LiMn_2O_4$：锰酸锂。
- $LiNiO_2$：镍酸锂。

这些单体电池的额定电压、能量密度和功率密度等参数随着其化学反应的变化而变化。相比于标准钴酸锂，一些锂离子单体电池更安全，也更适合用作大型牵引锂离子电池组（特别是磷酸铁锂和钛酸锂）。

## 1.2.3　安全性

虽然锂离子单体电池性能优异，但也不允许使其工作在严格安全区域之外，否则会产生令人不满意甚至危险的后果。

在多数情况下，单体电池故障的后果也仅仅是电池使用寿命缩短或者电池损毁，不会发生安全事故。然而滥用锂离子单体电池则是一件极其危险的事情，并且很容易对单体电池造成严重的物理损害（穿孔或破碎）和/或过热（由过电压、过电流或外部发热引起）。

我曾经惊恐地目睹过一场磷酸铁锂离子电池的短路事故：单体电池猛烈地向外喷发电解质，随后又发生了喷火爆炸事故，如图1.3和图1.4所示。得益于当时较为健全的安全措施，锂离子电池安置在手推车上，并且距离安全出口较近，使得技术人员能够很快将电池推到室外。

图1.3　扑灭因锂离子电池直接短路引起的火灾

我曾参与过普锐斯混合动力电动汽车（见图1.5）的电池事故分析，事故是由动力锂离子电池组内部电弧引发的起火（详见6.1.1.5小节）。

以上两起事故中均没有人员伤亡。在这两个案例中，人们的错误在于不健全的机械设计以及糟糕的生产流程（在生产现场不存在质量控制及干扰环节）。这两个案例都不是由电池管理系统引起的问题。

虽然这两个案例都是极端情况，但正是这样的事件让我们意识到大量锂离子电池组具有很强的危害性。从事这种电池工作时需要注意安全。

图 1.4 灭火后的图 1.3 中的电池

图 1.5 起火后的普锐斯混合动力电动汽车

- 认真思考并直接告诉周围的人保持安静——电池实验过程中禁止闲聊。
- 佩戴适当的安全装备：操作电压超过 40V 的电池时，需佩戴护目镜和绝缘手套。
- 不要将金属物品放置于未加保护的单体电池上方，因为这些物品会在重力作用下掉落在电池上。也就是说不允许在电池上方放置螺钉旋具、仪表探头、套筒扳手、油漆罐和卡钳等物品。如果暂时不使用上述工具，应将其放置在电池下方。

- 采用严格的质量控制方法合理地设计并组建电池模块。
- 提前准备电池着火事故的处理方案（如剪短电缆，快速离开事发地，灭火）；在进行电池实验之前就应该将处理方案的程序牢记于心，并能在事故发生10s内做到妥善处理。

### 1.2.4 安全运行区

锂离子单体电池安全运行区域由电流、温度和电压确定。
- 若超过电压阈值过充，那么电池将会迅速被损毁，严重时会发生爆炸。
- 大部分锂离子单体电池在低于电压阈值时继续放电将会损毁。
- 若锂离子单体电池在某个特定的温度范围之外放电，又或者在一个相比之下更小的温度范围外充电，那么将会导致锂离子单体电池的寿命严重受损。
- 长期工作于允许温度范围外的锂离子单体电池容易产生热失控和自燃现象，即使是不易产生热失控现象的单体电池，其含有的有机电解质也会助燃。
- 锂离子单体电池寿命会因大电流放电或快度充电而受损。
- 锂离子单体电池在高脉冲电流下工作几秒就会损毁。

以上介绍的这些限值会随单体电池自身化学成分不同而产生变化。例如，标准锂离子单体电池（$LiC_2$）在没有任何保护措施时，即使工作在一个相对较低的温度下也会产生热失控；而对于 $LiFePO_4$ 锂离子单体电池，即使工作在较为恶劣的温度条件下也不会产生热失控。不同制造商的单体电池限值也不尽相同。例如 A123 和 K2 两个公司均生产相似的筒式锂离子单体电池，A123 公司的锂离子单体电池可以放电至0V，但 K2 公司生产的锂离子单体电池则不允许在低于 1.8V 的电压下放电，如图 1.6 所示。

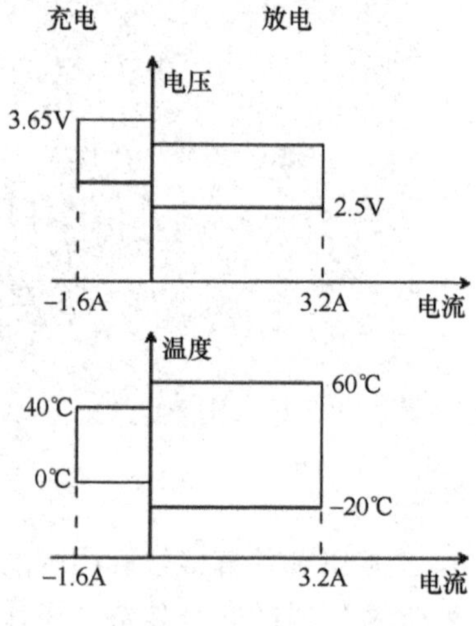

图 1.6  26，650 型 $LiFePO_4$ 锂离子单体电池的安全工作区域

### 1.2.5 效率

相比于其他化学电池，锂离子单体电池一个显著优点是能量和充电的高效性。

#### 1.2.5.1 能量

锂离子单体电池的内阻非常小（尤其是在所谓的动力电池中），根据计算公式 $\Phi = I^2R$ 可知，其内部产生的热功率损耗也极小。例如，A123 公司生产的 M126，650 型锂离子单体电池（多用于动力工具和混合动力电动汽车中），有着较为典型的 10mΩ 内阻。当它工作于 1C

(2.3A）状态下，输出的功率为 $P = 2.3A \times 3.2V = 7.6W$ 时，其功率损耗为 $P = (2.3A)^2 \times 10m\Omega = 53mW$，具有 99.3% 的转化效率（同时考虑充电、放电，其双向效率为 98.6%）。

电流增大时能量效率会相应地降低。更多的能量将会以热能的形式在单体电池内部被浪费掉，单体电池输出能量也相应减少。

当外部负载阻抗与单体电池内阻相等时，单体电池具有最大输出功率。一半功率在单体电池内部以热量形式浪费掉了，另一半功率作用于外部负载。

按照这种工作方式，A123 公司的 M126，650 型锂离子单体电池能够提供 150A 的电流和 500W 的功率，其中 250W 的功率在单体电池内部以热能的形式消耗。当然这种工作状况仅能维持很短时间（少于 10s），因为单体电池内阻产生的热量将会迅速扩散并引起单体电池温度升高到危险水平。当然，当单体电池应用于赛车时，破纪录比保护单体电池寿命更为重要，所以偶然的起火事件也是可以接受的。

### 1.2.5.2　电荷

从充电方面看，锂离子单体电池效率实际上是可以达到 100% 的（只要单体电池的充放电循环在一个可以忽略其自放电的极短时间内发生）。本质上如果忽略充放电速率，在单体电池满充过程中进入单体电池的电子能够在满放过程中全部释放出来。需要注意的是，本书并没有说充放电的能量相等，而是说充放电的电荷量相等。放电过程的单体电池电压比充电过程的单体电池电压要低，因此尽管充放电的电荷量相等，放电释放的能量要少于充电存储的能量。

读者或许因某个规格表显示单体电池在更大电流下释放电荷量会减小，而对本书提出的理论存有异议。需要指出的是，本书提出的理论是基于单体电池的完全充放电，而规格表中曲线是单体电池恒流放电，当单体电池电压低于某个特定的水平时其放电就会停止⊖。那时单体电池并没有做到完全放电，可以通过采用较低放电电流的方式将单体电池中的剩余电荷释放出来。例如可以采用与截止电压相等的恒压条件对单体电池进行放电，如图 1.7 所示。在忽略单体电池放电速率的前提下，当放电电流降到零时，单体电池释放的全部电荷量基本等于充电时存储于单体电池内部的电荷量（无论单体电池开始放电时电流大或小，最终都会以小电流放电终止）。

当然，在很多电池应用中（例如后备电源），负载需要在大电流下工作，这就导致了单体电池部分电荷无法完全释放。在这样的应用场景下，单体电池内部

---

⊖ 对于熟悉铅酸电池和普克特常数概念的读者，可能有兴趣了解到锂离子单体电池的普克特常数大约为 1.05（铅酸电池的普特克常数介于 1.1~1.3 之间）。

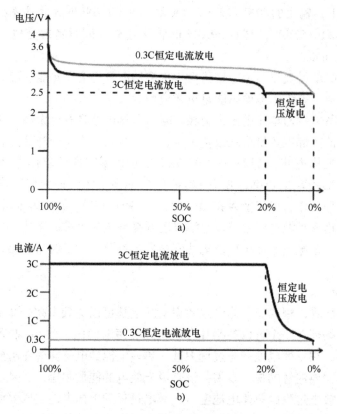

图 1.7 锂离子单体电池释放电荷量与放电速率无关，当以大电流对锂离子单体电池
进行放电完成后，单体电池中剩余的电荷仍旧可以以相对低的电流进行释放

的电荷能够在较小电流下完全释放只是纯理论的观点。

　　某些电池应用也存在一定的灵活性。例如，电动汽车在载客模式下可以以较低的转矩运行，使驾驶人能够低速泊车。在这种情况下，单体电池中的电荷能得到全部释放。

## 1.2.6 老化

　　相比于其他的化学电池，锂离子单体电池具有更长的寿命，但也是有限的日历寿命○和循环寿命。

### 1.2.6.1 日历寿命

　　标准锂离子单体电池的日历寿命相对较短，如图 1.8 所示。无论锂离子单体

---

　　○　注意日历的拼写（Calendar）经常被误写为研光机（Canlender）。日历用于计时，与研光机大不相同，研光机用于造纸。

电池是否在循环使用，其容量都在逐渐减小（使用手机和台式计算机的人可以证明）。这归结于标准锂离子单体电池在满充状态电压高于 4.0V 时内部发生的化学反应。其他的锂离子化学电池（尤其是 LiFePO₄ 单体电池）则可以在较低的电压下工作，因此上述化学反应也不会发生，所以此类锂离子单体电池似乎不存在日历寿命限制。

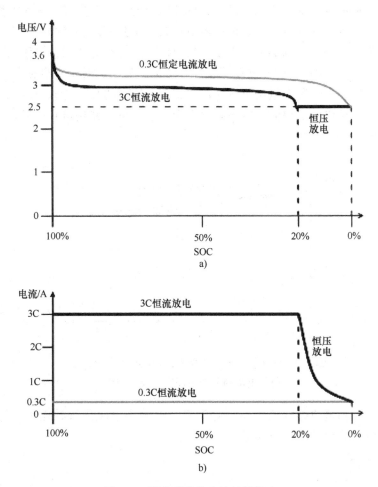

图 1.8　锂离子单体电池日历寿命

### 1.2.6.2　循环寿命

通过锂离子单体电池的"容量-循环次数"曲线可以发现，单体电池的容量随着充放电循环次数的增加呈线性衰减趋势，速率与单体电池放电电流大小相关。通过锂离子单体电池的"内阻-循环次数"曲线可以发现，在较少次数的循环充放电之后单体电池的内阻略有降低，而在之后几百次的循环充放电中其内阻则呈现持续增加的趋势，之后增加速度越来越快。只有一小部分人发现[1]，这两条曲线是有关联的。一部分容量损失归因于单体电池内部的活性物质损耗，另一部分容量并未损失，而是没有被使用；单体电池充放电不足是由内阻的增加和厂商设定的固定截止电压决定的。由于设定了固定的截止电压，电池生产商测试设备对电池充放电量越来越少，因为内阻在不断增大，这导致了容量的表象损失。单体电池的容量损失不仅仅是因为单体电池的使用，单体电池生产商检测算法的局限性也导致单体电池表现出的容量损失大于其实际容量损失。

因内阻增大而产生的那部分容量损失可以通过提高充电截止电压或降低放电截止电压来恢复，即通过 IR 进行补偿，如图 1.9 所示，对于容量损失为 10% 的单体电池来说，其实际容量仍可达到出厂状态；通过提高充电截止电压和降低放电截止电压，可以使因单体电池内阻增大而导致的电压损耗得到补偿，最终达到恢复单体电池容量的目的。

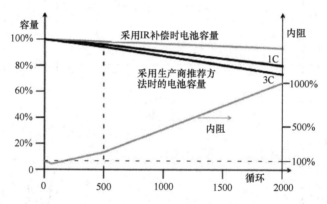

图 1.9　可恢复单体电池容量、有效单体电池容量及
单体电池内阻随循环次数变化曲线

一套可以测量单体电池内阻并对单体电池截止电压进行补偿的电池管理系统，能够更充分地利用电池容量。

## 1.2.7　建模

在研究单体电池时，化学家会关注其化学过程，而电气工程师则更加倾向于视其为电路，也就是等效电路模型。对于锂离子单体电池，最简单，且是恒流工况下非常有效的模型是电压源串联阻抗模型，如图 1.10a 所示。模型中的电阻即为本书中一直提到的单体电池内阻。

对于典型的锂离子单体电池来说，其内阻一般为毫欧数量级（26，650 型 LiFePO$_4$ 锂离子动力单体电池的内阻为 10 ~ 50mΩ，棱柱形锂离子单体电池的内阻一般为 0.5 ~ 5mΩ）。其源于内部化学反应产生的有效电阻以及集电器和端子

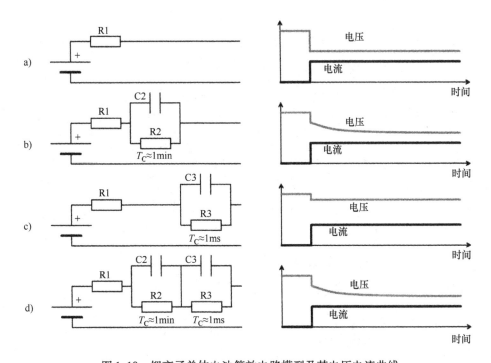

图 1.10 锂离子单体电池等效电路模型及其电压电流曲线

a) 简单 R 模型  b) 松弛 RC 模型  c) 带有交流阻抗的 RC 模型  d) 双 RC 电路模型

块体金属的阻抗。因内阻和电流共同作用产生的电压跌落（IR 跌落），就是化学家所说的极化电势。

此处讨论的单体电池内阻并非简单的电阻（这种内阻无法简单的通过欧姆表测得，也不能简单的根据 $R = V/I$ 计算得到）。我们谈论的单体电池内阻是一个动态电阻，它因串联电压源而与普通电阻不同。动态内阻定义为电压变化量与电流变化量的比值，即

$$R = \Delta V/\Delta I \tag{1-1}$$

因此为了能够计算动态内阻，必须得到电流的变化量和其导致的电压变化量。单体电池内阻的变化情况如图 1.11 所示。

- SOC：内阻在 SOC 较高和较低时均较大。
- 温度：内阻在温度较低时较大。
- 电流：内阻在较大电流放电时（与同电流放电时相比）较大。
- 使用：内阻随着使用次数的增加而增大。

从单体电池使用者的角度来看，一个较为复杂的单体电池模型，是将单一的单体电池内阻分为两个电阻，并给其中的一个电阻并联大电容，如图 1.10b 所示。这种模型能够较准确地模拟单体电池突然带载时的实际表现。单体电池初始

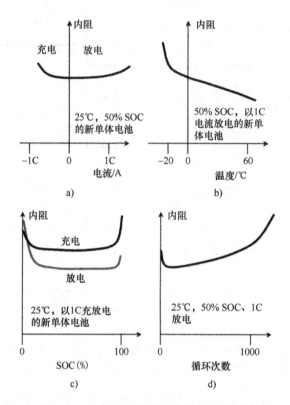

图 1.11  单体电池内阻随参数变化情况图

a）内阻-电流  b）内阻-温度  c）内阻-SOC  d）内阻-循环次数

电压降很小（取决于 R1），但随着电池的使用，其电压降由两个电阻共同决定，按照以 $T = R2 \times C2$ 为时间常数的指数形式衰减，其时间常数一般为 1min 数量级。这种现象即为化学家所谓的"松弛效应"。

与图 1.10b 不同，电池生产厂商一般选择另外一种不同的模型，如图 1.10c 所示。这种模型在外观上与图 1.10b 所示模型相同，但实际上图 1.10c 中模型的 RC 电路的时间常数为 1ms 数量级。使用该种模型，可以准确地模拟电池生产商用检测装置测量得到的交流阻抗（在 1kHz 的频率下）。电池生产商在 1kHz 的条件下测量新单体电池空载下的交流阻抗，这种测量工况与单体电池在实际应用中的工况截然不同。电池生产商之所以用这种方法对单体电池进行测量，是因为他们的测量设备对于测量 1kHz 条件下单体电池的交流阻抗较为可行，在锂离子单体电池的使用寿命内，其阻抗在 1kHz 条件下几乎为常数，而且坦白来讲，电池生产厂商的化学家们也未必清楚单体电池带载的直流阻抗概念。但是，单体电池使用者却很少采用这种模型。如果这种单体电池模型准确的话，那么当单体电池初始带载时其电压损耗将会瞬间产生并且非常小。电池生产商通常将在 1kHz 条件下获得的交流阻抗的实部作为单体电池的内阻给出。这种做法极易误导电池使用者，使电池使用者误以为生产厂商提供的电阻即为单体电池的实际直流阻抗。综合分析图 1.10b 和 1.10c 中的两种电池模型，可以得到更加准确的带有两组 RC 回路的电池模型，如图 1.10d 所示。这种模型能够同时满足电池使用者及电池生产商的需要。

## 1.2.8　串联组串中的均压问题

由一系列单体电池串联而成的电池，其充电电压将会均匀地分配到每个单体电池上。如图 1.12 所示，当为汽车的铅酸起动电池充电时，其充电电压为 13.5V，此时起动电池中的 6 个单体电池电压几乎都在 2.25V 左右。如果某个单体电池存储了更多的能量，那么其电压将会略高于其他单体电池，即从其他单体电池处"掠夺"了一部分电压。例如，如果某个单体电池的电压为 2.5V，其他单体电池的电压平均在 2.20V 左右。这种单体电池间的微小电压差是可以接受的，铅酸电池对于这种单体电池电压偏差"容忍力"更强。

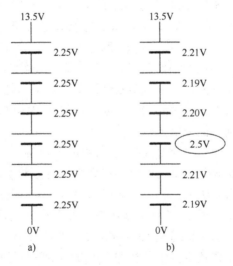

图 1.12　铅酸启动电池

a）电压均衡　b）电压不均

图 1.13 给出了另一个例子。消费品中常用的聚合物锂离子电池一般由两个单体电池串联而成。当以 8.4V 电压其充电时，如果电压均衡，那么每个单体电池电压为 4.2V。但是如果电压不均衡，最差的情况下放电最深的单体电池电压为 3.3V，而另一个单体电池电压为 4.9V。4.9V 已经超过了聚合物锂离子电池

的最大允许工作电压（一般为4.2V），但是4.9V的电压仍不足以让其产生热失控和起火。

在由大量单体电池串联组成的高电压电池中，电池组工作电压无法均分的情况则会容易发生（这种现象在许多化学电池上普遍存在）。

由4个单体电池串联组成的聚合物锂离子电池，将其充电至电压为16.8V。如果各单体电池间电压均衡，那么16.8V的电压将以4.2V均分到每个单体电池上，如图1.14a所示。而在实际应用中，各单体电池上的电压往往是不均衡的，某个单体电池会率先被充满直至达到过充状态。锂离子单体电池自身无法很好地处理过充问题。一旦充满，锂离子单体电池不仅不能像与其串联的其他未充满电池一样继续吸收电流。反而单体电

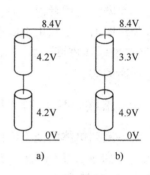

图1.13　聚合物锂离子电池中
两个单体电池串联图
a）电压均衡　b）电压不均

池电压会迅速地增大，可能达到危险水平。在图1.14b所示的例子中，第二节单体电池过充至电压为6.3V，而其他单体电池电压则在3.5V左右。尽管电池整体电压为16.8V，但电池中的3个单体电池均未达到满充状态，同时一个单体电池已经存在热失控危险。因此，依靠电池整体电压去判断何时停止充电的系统（例如恒流恒压充电器）会给使用者一种安全错觉。这样的系统会导致某些单体电池过充，甚至因单体电池过充至危险水平而引发安全问题。因此利用电池管理系统对这样的电池进行管理是必要的，首要的是保证单体电池不过充，并且视情况对电池进行均衡控制，保证电池的最佳工作特性。

同样由4个单体电池串联组成的聚合物锂离子电池，当放电至电池电压为12V后，如果各单体电池电压完全均衡，那么整体电压将会以3.0V均分至每个单体电池上，如图1.15a所示。但在实际应用中，各单体电池会出现不均衡，其中某个单体电池将会率先达到完全放电状态，继而达到过放状态。在不同程度上，锂离子单体电池无法很好地处理过放问题。如果单体电池电压低于某个阈值，不可逆转的电池损毁就会发生。在图1.15b所示的例子中，其中一个单体电池过放至电压为1.5V，而其他单体电池电压则在3.5V左右。尽管电池整体电压为12V，其中3个单体电池并没有达到完全放电状态，而另一个单体电池则遭到了损毁。因此，依靠电池整体电压去判断何时停止放电的系统（例如带有低压关断设备的电机控制器）会给电池使用者一种安全错觉。这样的系统会导致某些单体电池过放电，最终导致单体电池损毁。因此，利用电池管理系统对这样的电池进行管理是必要的，保证任何单体电池都不会因过放而损毁。

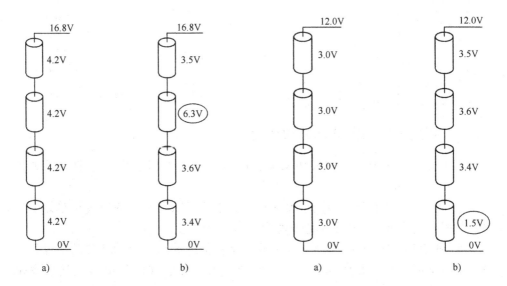

图 1.14　4 个单体电池，充电图
a）电压均衡　b）电压不均衡，其中一单体
电池存在发生热失控危险

图 1.15　4 个单体电池，放电图
a）电压均衡　b）电压不均

## 1.3　锂离子电池管理系统

在前文中我们知道了锂离子电池滥用将会导致其寿命缩短、引起电池损毁，严重情况下甚至会引发安全问题。在对锂离子电池问题进行分析之后，本节将从锂离子电池管理系统中寻找解决方案。电池管理系统的作用就是要保证被管理电池内部单体电池均工作在自身的安全工作区域之内。这一点对于大规模的锂离子电池组就显得更加重要，这是因为：

● 相对于其他化学电池来说，锂离子电池更不能容忍电池滥用。

● 由大量的单体电池串联组成的大规模电池组更易因为内部单体电池电压不均衡导致过充及过放。锂离子单体电池决不允许过充和过放。

### 1.3.1　电池管理系统定义

对于什么是电池管理系统、电池管理系统的功能是什么并没有统一的定义，并且有时像电压管理系统（VMS）和电路保护模块（PCM）这样的系统都会被应用以起到电池管理系统的作用。本节对电池管理系统进行广义的定义，即电池管理系统是以某种方式对电池进行管理和控制的产品或技术。也就是说电池管理系统包含如下功能：

- 电池监控。
- 电池保护。
- 电池状态估计。
- 电池性能最大化。
- 对用户或外部设备进行反馈。

## 1.3.2 锂离子电池管理系统的功能

为了保证锂离子电池的使用安全，锂离子电池管理系统至少要满足如下功能：

- 通过主动停止充电电流或反馈停止充电信息来防止任何锂离子单体电池电压越限。这是所有锂离子单体电池存在的安全问题。
- 通过直接停止电池电流、反馈停止运行信息或启动冷却装置的手段防止任何锂离子单体电池温度越限。这是易产生热失控的锂离子单体电池的安全问题。
- 通过停止充电电流或反馈停止运行信息的手段防止锂离子单体电池电压过低。
- 通过反馈减小电流或切断电流信息或直接切断电流的方式防止电池的充电电流越限（限值会根据单体电池的电压、温度及前一时刻电流水平的变化而变化）。
- 通过与用与上一条相似的方法防止电池的放电电流越限。

电池管理系统在锂离子电池充电过程中十分必要。当任意一个单体电池达到最大充电电压时，电池管理系统必须关断充电器，如图1.16所示。电池管理系统可以通过均衡电池组使其容量最大化。为了实现这样的目标，电池管理系统可以先移除充电最快的单体电池的充电装置，这样可使其他单体电池能够继续充电，待该单体电池的电压足够低时再恢复其充电。按此方式循环多次后，所有锂离子单体电池将会处于相同的电压水平，均达到满充状态，即电池组达到了电压均衡。电池管理系统在锂离子电池充电过程中也十分必要。当锂离子单体电池电压达到低压关断电压时，电池管理系统则断开负载，如图1.17所示。

## 1.3.3 电池管理系统选型

出版本书的目的之一就是帮助读者确定应该选择非定制的电池管理系统还是定制的电池管理系统。有些特殊的需求只有定制的电池管理系统才能够满足，如知识产权需求或者严格技术参数需求。否则，应用市售的电池管理系统耗费较少的时间、花费较少的资金、应用较少的资源即可能获得更大的收益。简单来说，

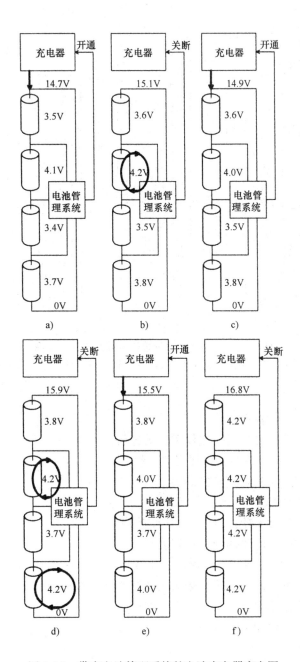

**图 1.16 带有电池管理系统的电池充电器充电图**

a）充电 b）某单体电池电压越限时停止充电 c）在单体电池电压通过均衡控制降低后
恢复充电 d）电池管理系统循环往复控制 e）均衡状态（一） f）均衡状态（二）

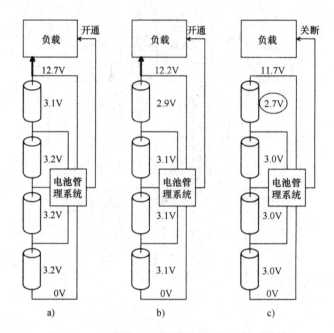

图 1.17　电池管理系统控制负载的电池放电图

a) 电池放电（一）　b) 电池放电（二）　c) 某单体电池电压跌落至低压阈值时停止放电

两者区别如下：
- 定制系统：你拥有、你掌控。
- 非定制系统：更省时、更简单、更经济。

可以从定制方案获益的实体部门主要包括：
- 需要对其产品实现完全控制大型汽车制造商。
- 想要提升其产品生产线的大型电子公司。
- 准备被收购并希望提升其认知价值的公司。
- 想要获取学习经验的业余爱好者。

相反，可以从非定制电池管理系统获益的实体部门主要包括：
- 设计电动车、插电式混合动力车和混合动力客车的公司。
- 小到中型专用车辆（公用设备、重载设备、公共交通设备）生产商。
- 设计服务公司和工程顾问公司。
- 车辆集成商。
- 开发路基备用系统、公用设施的公司。
- 单体电池生产商及电池装配公司。
- 电动汽车变流器生产公司。
- 结果导向的高效公司。

　　某些单体电池生产商会将电池管理系统与单体电池一同售卖（详见4.1.3节）。他们售卖的电池管理系统并非自己生产，有时他们售卖的单体电池也非自己生产。如果采用这样的单体电池，那么说明电池生产商替你做了定制化还是非定制化电池管理系统的选择。

　　进行电池管理系统设计之前，请谨慎考虑设计自己的电池管理系统的优缺点如图1.18所示。否则，最后可能就是以感叹"我多么希望我在开始设计之前就知道它有多么的复杂"为结果。

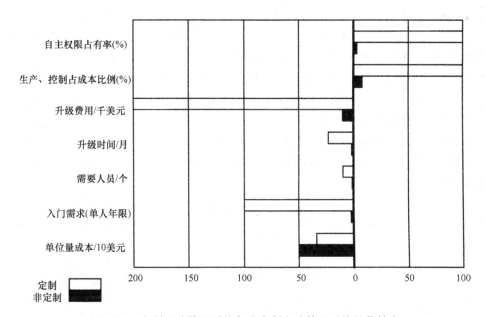

图1.18　定制电池管理系统与非定制电池管理系统的优缺点

# 1.4　锂离子电池

## 1.4.1　荷电状态（SOC）、放电深度（DOD）和容量

　　电池或者单体电池的荷电状态（SOC）是指某个指定时刻，其可用电荷量与满充状态下可用电荷量的比值。SOC以百分数的形式表示，100%表示荷电状态为满，0表示荷电状态为空。电池SOC的评估方程通常以电量表方程的形式表示，尤其是电动车中的电池，因为它与汽油车油量表方程类似。须知，电池中的每个单体电池都有其自身的SOC，并且电池本身有其独立的SOC。

　　单体电池或电池的放电深度用于衡量已释放电荷量。它以A·h形式表达。DOD同样可以用百分比的形式表示，铅酸电池通常就是用百分比来表达其DOD。

将 DOD 以 A·h 形式表达更为有用，这样 SOC（以百分比表示）和 DOD（以 A·h 表示）组合与两项指标都用百分比表示相比能够传递更多信息。这对于一个实际容量大于其标称容量的电池来说是明显的（例如，标称为 100A·h，实际为 105A·h）。当一个额定容量为 100A·h 的电池释放了 100A·h 的电荷量，SOC 将会变为 0，此时，电池的 DOD 则可表示为 100% 或者 100A·h。但是如果想将电池全部电荷量都释放出来，但此时电池的 SOC 仍旧只是 0（因为 SOC 不能为负值），同时以百分比标注的电池 DOD 也只能为 100%（因为以百分比标注的 DOD 不能高于 100%）。然而，若以 A·h 表示那么此时 DOD 将会变为正确的 105A·h。知道电池的 DOD 为 105A·h 比知道它达到 100% 更为有用，这是因为即使电池的 DOD 达到了 100%，也仍旧可以从中释放电能。用 A·h 表达 DOD 的另一个重要原因是电池的放电深度与其放电速率无关。

初次接触 SOC 与 DOD 时很容易认为 SOC 是 DOD 的倒数（当一个增大时另一个减小），但其实并非如此（见表 1.2）。两者不仅单位不同，而且当电池满放时也不相同。对于一个额定容量 100A·h 的电池来说，如果其容量损失一半，SOC 范围仍是 0~100%，但是 DOD 范围（本应是 0~100A·h）却仅为 0~50A·h，如图 1.19 所示。

表 1.2  SOC、DOD 对比

|  | SOC | DOD |
| --- | --- | --- |
| 单位 | % | A·h |
| 参考量 | 满充和满放 | 满充 |
| 满充参考 | 100% | 0A·h |
| 满放参考 | 0 | 不适用 |
| 变化率 | 不适用 | 正比于电池电流 |
| 过放特性 | 不能低于 0 | 可以继续增长 |

单体电池或电池的实际容量（以 A·h 表示）等于其完全放电时的 DOD（同样以 A·h 表示）。单体电池的额定容量由电池生产厂商标定[⊖]。

电池有效容量的一个重要限制是充放电停止条件。电池生产商指导用户在电池电压降到指定阈值时停止放电。这导致电池可用容量会随着充放电电流的变化而变化。当以最小的放电电流对电池进行放电时，电池端电压与其内部电压或者开路电压相等，这是电池 SOC 最好的外部指标。当单体电池达到低关断电压时，单体电池真正满放。当以大电流进行放电时，单体电池的端电压则因 IR 跌落的

---

⊖ 常言道："有三种骗子，分别是骗子、该死的骗子和电池生产商"。

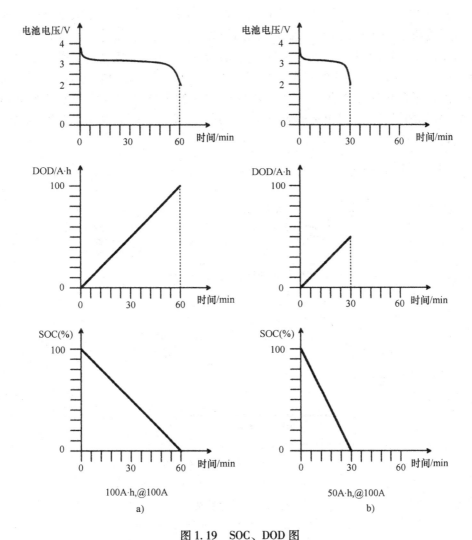

图 1.19 SOC、DOD 图

a) 额定容量 b) 电池容量减半

原因大大降低。因此,即使单体电池没有满放,端电压也会达到低关断电压。因此普通的观察人员会认为,电池的容量在大电流放电时会减小⊖。但这并不正确。电池的实际容量并没有变化,只不过其可用容量受到了大放电电流的影响。如果接着选用较低的放电速率对电池进行放电,那么电池仍旧可以实现满放。

---

⊖ "以 Ahr 为单位表示 DOD 时,DOD 的大小很容易受到充放电速度(倍率)的影响。充放电速度快,可用的 Ahr 就少"(2010 年与 Bill Cantor 的私人通信)。

　　测量内阻并基于此对单体电池端电压进行 IR 补偿，估计开路电压可以在开路电压达到低关断电压而不是端电压达到低关断电压时停止放电，从而使可用容量增加，如图 1.20 所示。但是这种方法只在某些情况下才成立，如果电池的关断电压低于开路关断电压的一半（也就是说，大约 1.25V），电池通过了其最大功率点，那么电池将会进入一个"收益递减"的工作区域（详见 1.2.5.1 小节）。更坏的情况是，若电池的电压允许达到 0 或负值，那么电池将会遭到永久的损毁。

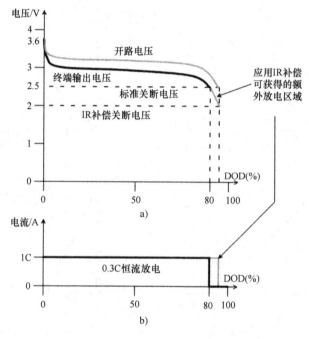

图 1.20　放电算法

a）电池生产商算法　b）IR 补偿算法

　　目前，单体电池生产商规定单体电池先恒流充电，当电压达到阈值时，以该电压进行恒压充电，直至其电流降到一定水平。这是一种很好的算法。

　　前文提出的 IR 跌落限制发生在恒流阶段，相比于电池内部电压，其端电压将会率先达到关断电压，因此电池的恒流工作阶段将会过早结束。然而，在恒压阶段，由于电流趋近于 0，因 IR 导致的电压跌落同样为 0。当电池的充电电流低于阈值后，充电电路将被断开，此时电池的开路电压则达到其高关断电压，表明此时电池已被充满。

　　如果可以在单体电池充电过程中检测其内阻，那么就可以对单体电池端电压进行 IR 补偿，这样可以改进充电算法提高充电速度。应用这种补偿方法会使恒流阶段延后结束，即当电池的开路电压（非端电压）还到其关断电压时结束，如图 1.21 所示。

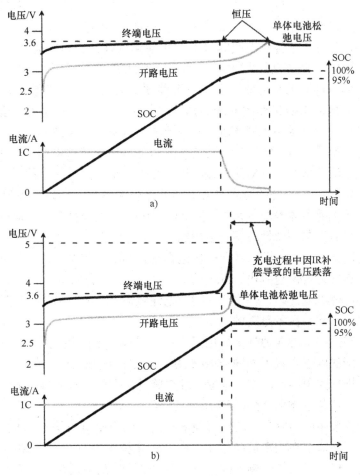

图 1.21 充电算法

a）电池生产商算法 b）IR 补偿法

## 1.4.2 一致性及均衡

汤姆威克先生提出："为何不考虑因单体电池内阻不同而导致的电池在充放电过程中表现不同的特性呢？这说明电池中存在大量的不一致性，需要大量的均衡电流"。由于单体电池间差异以及不同的充电历史，电池中的单体电池一般会产生以下 4 种不一致性：

- 荷电状态（SOC）。
- 自放电（自放电电流）。

- 内阻。
- 容量。

一般情况下，电池内部单体电池的一致性可以根据以上4个参数的匹配情况来衡量。本节仅根据 SOC 这一个参数对其一致性进行讨论。

电池均衡是指将单体电池间的 SOC 尽可能地拉近，从而使电池容量最大化。电池均衡仅强调一个重点，即 SOC 一致性。为此还会对第二个参数"自放电"进行补偿。电池均衡工作可能还会在一定程度上受到第三个参数"单体电池内阻"的阻碍。电池均衡工作中并未考虑的是第4个参数——容量。这一部分工作只能通过另一种技术手段来实现——再分配（详见3.2.4节）。

有一种理论认为电池需要进行均衡的原因是电池中单体电池内阻不同[⊖]。这并不正确，电池均衡并不针对这些差异进行补偿。想象这样一个例子，某种电池是由一些理想的、电量充足的、内阻不同的理想单体电池组成。将其放置在一旁，那么电池中的单体电池 SOC 值将一直是 100%，因为没有电流通过单体电池的内阻，内阻对于各一致性并不产生影响。

再考虑同样的电池，此时各单体电池具有相同的自放电特性。各单体电池以相同的放电速度进行慢速放电，此时它们的 SOC 水平仍保持一致。漏电电流将会流过一些单体电池内阻，但由于内阻与电池隔板的大电阻串联在一起，所以单体电池内阻的影响是微不足道的。

最后，当这些理想电池处于放电过程中，单体电池的端电压将会各不相同，这是因为不同的内阻导致了不同的 IR 跌落。一旦电流被切断，各单体电池的开路电压将会恢复完美匹配，在不采取均衡措施的情况下，只要再对电池进行一个充电过程即可使各单体电池的 SOC 恢复至 100%。

一个较为普遍的误解是，均衡可使电池内部的每个电荷均参与充放电[⊖]。这并不正确，因为即使在均衡的电池中，所有的单体电池（非受限单体电池）在电池充满电时仍旧可以接受额外的电荷，在电池完全放电后仍旧具有可用于放电的电荷。只能说均衡后的单体电池具有较为准确的相同的 SOC。

### 1.4.2.1 时变不一致性

随着时间的推移，单体电池因内部自放电而导致的不一致性越来越严重。这个过程不取决于单体电池内阻、容量，甚至也不完全取决于其自放电特性，这种

---

⊖ 电池的不平衡应该用"unbalance"还是"imbalance"表示呢？为了保持一致性，我选择使用"unbalance"，因为它同时具有对应的动词和名词——unbalance，而 imbalance 就只有相应的名词——imbalance，没有对应的动词。

⊖ "通过平衡手段可以增加电池的可用容易，因为在平衡状态下电池组可以存储更多电荷，也更能充分利用到组成电池组的每个单体电池的容量"（2010 年与 Bill Cantor 的私人通信）。

过程仅仅取决于电池自放电变化率。下面举一些例子来帮助理解。

想要直观观察单体电池的不一致性过程并不容易，可在网上找到一个有用的互动工具（详见 http://book. LiIonBMS. com/）。然而，在本书中对该工具进行具体介绍并不现实。所以我们在书中仅列出一些 3D 图。下面列出的 4 幅图是用来描述一个具有 4 个单体电池的锂离子电池。X 轴用来描述时间，Y 轴（垂直轴）是各单体电池的 SOC，Z 轴（向右侧远离的轴）用来表示 4 个单体电池。

首先，针对理想的、充满电的、均衡的闲置电池进行分析。所有单体电池的初始 SOC 均为 100%，并且始终保持 100% 的 SOC，如图 1.22 所示。考虑同样的电池，但不同的是，该电池由实际的单体电池组成，这些单体电池具有相同的容量和自放电特性。所有的单体电池具有相同的自放电速率，并且各单体电池的 SOC 以相同速度进行衰减如图 1.23 所示。此时，单体电池之间仍然能够保持一致（即使不停自放电）。

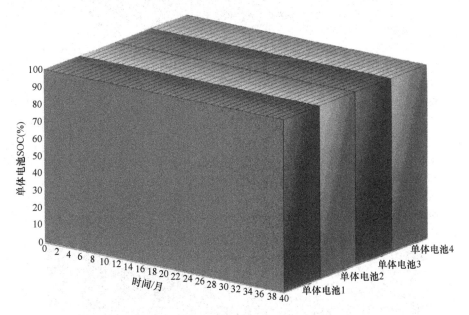

图 1.22 搁置理想电池，SOC 恒定不变

其次，仍旧考虑相同的电池，但单体电池间各不相同（不同的容量及不同的自放电特性）。一些单体电池的放电速度快于其他单体电池，电池很快就会变为不均衡状态，单体电池的 SOC 水平也很快出现差异，如图 1.24 所示。

以一致状态开始的电池最终因为单体电池的自放电而变得不一致，想要恢复一致性就需要进行均衡（详见第 3 章）。一少量的电荷必须要存入或放出单体电池，从而实现对不同单体电池自放电特性的补偿。例如，如果某个单体电池因自

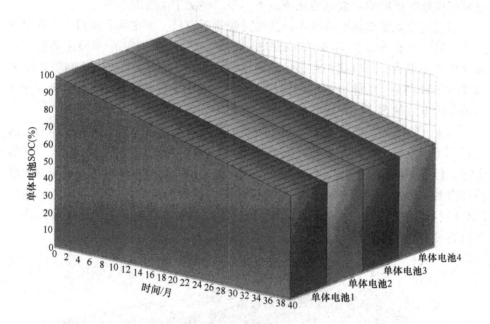

图 1.23　理想单体电池，即使由于自放电 SOC 减小但一致性不随时间变化

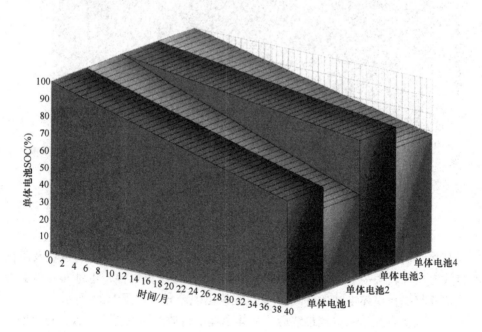

图 1.24　实际电池，单体电池自放电特性不同，随时间推移变为不一致

放电而损失了 2A·h 的电量，而另一个单体电池因自放电损失了 3A·h 的电量，那么在均衡过程中就需要从第一个单体电池中释放出 1A·h 的电量，从而保证两个单体电池的一致。以一致状态开始工作的电池，在均衡中并不是针对单体电池的自放电进行补偿，而是针对单体电池之间的自放电的差异进行补偿。

#### 1.4.2.2　初始不一致性

在前面的例子中我们假设电池中的各单体电池均是以满充（SOC 为 100%）状态开始工作。但是在实际情况中，这是较为少见的，如图 1.25 所示。不仅电池以不一致状态开始工作，其自放电特性差异也会导致各电池的不一致性随着时间的推移变得更为严重。

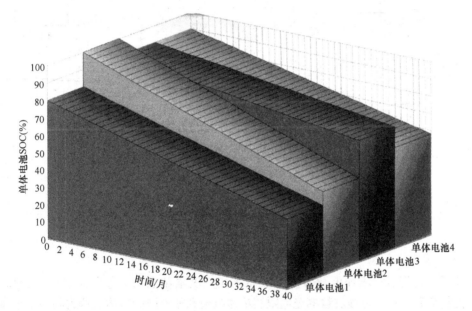

图 1.25　实际电池，单体电池自放电不同，随时间推移变为不一致

想要保证以不一致状态开始工作的电池重回一致状态就需要对电池进行总体均衡（详见第 3 章）。想要弥补电池初始的不一致状态，可能需要将大量的电荷存入或放出某些单体电池。

#### 1.4.2.3　电池 SOC 与单体电池 SOC

当充电时，整个电池的充电能力是由最先达到满充状态的单体电池决定的。当放电时，整个电池的放电能力是由最先达到满放状态的单体电池决定的。以上两点决定了电池的容量。

在电池进入均衡状态之前，限制其充电能力和放电能力的单体电池不是同一个单体电池。当满充时，第一个单体电池已经无法存储电荷，但是第二个单体电池仍旧可以；当满放时，第一个单体电池仍旧可以放电，但是第二个单体电池已经无法继续放电，如图 1.26 所示。

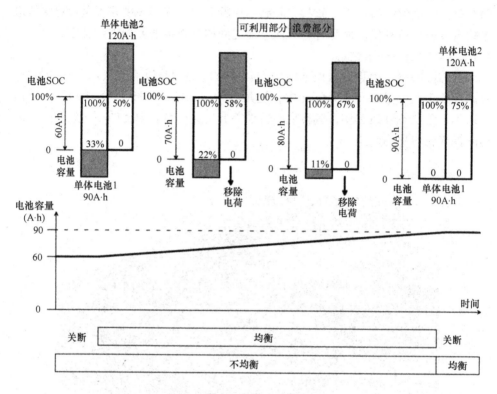

图 1.26    均衡过程使电池容量最大化

通过均衡过程增加电池容量的实质是使充电限制点与放电限制点尽量分离。电池均衡后，决定电池容量的充电限制单体电池和放电限制单体电池为同一个单体电池。就是容量最小的那个单体电池（即使在极端情况下，是内阻最大的单体电池）。对于均衡的电池来说，是在某些点上所有的单体电池都具有相同的 SOC。但是，通常情况下电池均衡都是在 100% SOC 状态时完成，具体原因详见第 3 章。

前文中的 3D 图均是 SOC 与时间的对应曲线。接下来则根据单体电池 SOC 与电池 SOC 的 3D 图进行讨论。在图形中没有标注时间，因此想象一个垂直于 $X$ 轴平面，充电时向左移动，放电时向右移动。单体电池的瞬时 SOC 水平则通过该平面与曲线的交叉点进行确定。

首先，同样针对理想均衡电池（见图 1.27）进行讨论。由图中可知，各单体电池的 SOC 水平严格相同，并且等于电池的 SOC。当电池满充时（图形左侧），各单体电池以及整个电池均处于 100% 的 SOC 水平。当电池满放时（图形右侧），各单体电池以及整个电池均处于 0 的 SOC 水平。

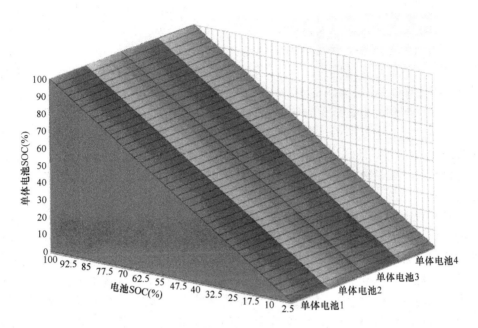

图 1.27 均衡电池 SOC 图

其次，考虑同样电池但非均衡（见图 1.28）。可见整个电池的 SOC 区间缩减，它只占据了 X 轴的较小部分。

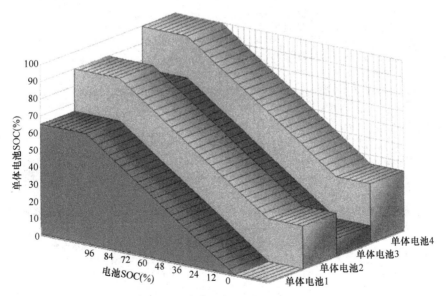

图 1.28 理想非均衡电池 SOC 图

当单体电池4为充电最多的单体电池，其SOC达到100%时，此时电池停止充电，此时就是电池的最大容量状态（定义上的100%）。此时其余3个单体电池并不处于满充状态（例如此时单体电池0的SOC水平仅为62%），但是电池此时也不能存储更多的电荷，因为此时如果继续充电，仍旧会有电流流入单体电池4，将会导致单体电池4过充。

相反，当储存电量最少的单体电池1的SOC达到0时，整个电池不能继续放电，这也就是电池能够达到的最"空"的状态（定义上的0）。此时其余的3个单体电池中仍旧有剩余电荷（例如单体电池4的SOC水平为45%），但是此时电池已经不能继续放电，因为放电电流仍旧会流过单体电池1，这样将会导致单体电池1过放。

通过以上的解释很容易发现单体电池的SOC水平是如何导致电池的容量减少的。如果所有的单体电池都具有绝对相同的容量，只要电池处于均衡状态，电池在任何SOC水平上都处于均衡状态，如图1.27所示。在实际应用的电池中，各单体电池的容量并不相同，这就意味着在某个SOC水平均衡的电池一旦进行充电或放电（SOC变化），就会进入到不均衡状态，如图1.29所示。下面对单体电池具有不同容量、但SOC均处于100%的电池进行分析。由图1.29可知，各单体电池的SOC曲线的斜率不相等。单体电池4具有最大的容量，同时也有着最平缓的斜率（因为指定的输入输出电流对其SOC都具有最小的影响）；而单

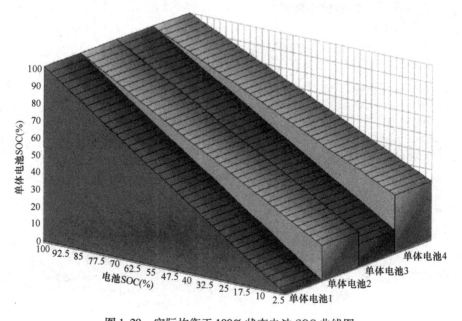

图1.29　实际均衡于100%状态电池SOC曲线图

体电池 1 具有最小的容量，但是却有着最陡的斜率（因为指定的输入输出电流对其 SOC 都具有最大的影响）。在图的最左侧，各单体电池处于均衡状态。此时 4 个单体电池与电池的 SOC 均为 100%。然而，随着电池放电，容量最小的单体电池 1 的曲线以最快的速度跌落，直至落至 0。在单体电池 1 的 SOC 跌落至 0 时，整个电池也就处于满放状态（因为单体电池 1 会阻止电池继续放电），但是其余的单体电池中还具有可以释放的电荷。因此，这样的单体电池也就限定了电池的容量，无论电池经均衡后单体电池的起始 SOC 是多少，其容量也不可能再增大。

　　在前一个案例中，电池都均衡于 SOC 为 100% 的状态下。下面对于相同的处于 SOC 为 50% 状态（见图 1.30）和 SOC 处于 0 状态（见图 1.31）的电池进行讨论。同样，容量最小的单体电池 1 是整个电池的限制因素。因此，无论电池均衡于何种 SOC 水平，其容量并不会改变。在充放电循环过程中，改变的仅是其余 3 个单体电池（单体电池 2、3 和 4）的状态。因此，首先可以得出的是，将电池均衡于满充或满放、甚至任何一点并没有什么不同。但是在第 3 章的论证中，电池在 100% SOC 状态下进行均衡是最有利的。

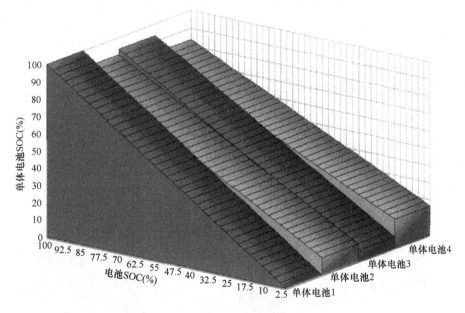

图 1.30　实际均衡于 50% 状态电池 SOC 曲线图

　　最后，针对单体电池处于不均衡状态的相同电池进行讨论，如图 1.32 所示。由图 1.32 可以发现，每条曲线的斜率是不变的（这是每个单体电池容量作用的结果），但是整个电池的容量还是受到了影响。一旦单体电池 3 处于满充状态，

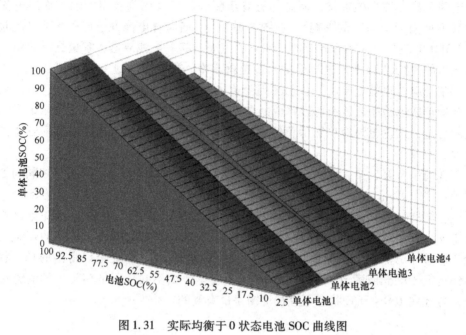

图 1.31　实际均衡于 0 状态电池 SOC 曲线图

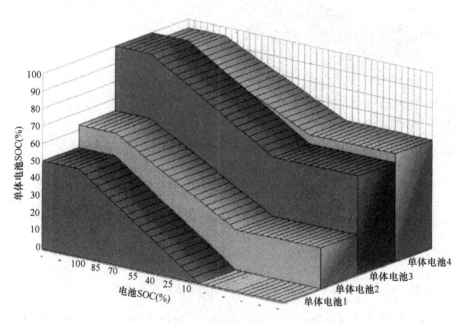

图 1.32　实际不均衡状态电池 SOC 曲线图

整个电池将停止充电，这一点也就是整个电池 SOC 的 100% 状态点。相同地，一旦单体电池 3 处于完全满放状态，整个电池将停止放电，这一点也就是整个电池 SOC 的 0 状态点。由此带来的不良影响是，这样的电池的容量只能达到均衡状态下电池容量的一半。

较为极端的例子是电池的不均衡状态达到了极限情况，这种情况将导致电池几乎无法使用，如图 1.33 所示。仅需要短时间充电单体电池 3 就将进入满充状态，因此充电将被立刻停止；仅对电池进行短时放电，单体电池 1 就将进入 SOC 为 0 状态，因此电池的放电也会被立即停止。换句话说，电池的容量几乎为 0。

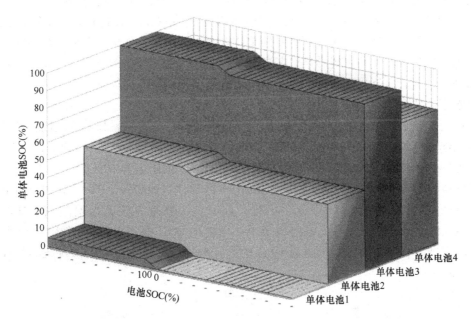

图 1.33　实际极其不均衡状态电池 SOC 曲线图

### 1.4.3　健康状态

健康状态（State Of Health，SOH）描述的是电池组的任意实际状态与额定状态比，以百分比表示。电池的 SOH 为 100% 意味着电池的各项指标严格匹配于电池的额定参数。随着电池的状态逐渐变差，电池的 SOH 会逐渐缩减。低于 100% 情况下，SOH 的定义较为随意，经常由不同的生产商赋予不同的定义。此外，电池的 SOH 低于哪个阈值会影响电池使用的限定也较为随意，通常由使用者根据自身需求限定。

电池的 SOH 对于电池本身或者电池管理系统来说并没有什么意义，但是对于使用者和在应用中能够比较实时 SOH 值和限定值的外部系统来说是非常有意义的。由此：

- 它可以用于决定处于当前状态的电池是否适用于某个应用场景。
- 它可以根据实际应用条件对电池的寿命进行估算。

对于 SOH 的估算通常情况下也是较为随意的，因为它并不是通过测量电池的实际物理参数获得的。电池管理系统通常使用一个或多个下面提到的权重参数对 SOH 进行估算：电池内阻的增大、实际容量缩减、充放电循环次数、自放电速率以及充放电时间。有时，接受电荷的能力也在估算参数的自变量列表中，但是此参数可以通过转化以电池内阻的形式出现，因此其不算作一个独立参数。电池管理系统估算 SOH 所使用的公式、算法以及模型通常都是商业机密。

为了克服工业上对于 SOH 可使用定义缺乏的现状，本书提出了一种 SOH 的定义：对于一组有着相同额定状态的单体电池或电池组，如果一系列电池组或单体电池并联后的整体表现满足定义是不可以的。本定义所指的 SOH 为 100% 的意思是说，组成电池的每个单体电池或组成电池组的每块电池均满足 SOH 为 100% 的限定条件。

通过一个简单的例子来对上面的定义进行解释。给出一系列单体电池，各单体电池的容量均为 100A·h，那么一个电池管理系统就会估算一个 100A·h 单体电池的 SOH 值为 100%，一个 70A·h 单体电池的 SOH 值为 70%，一个 30A·h 单体电池的 SOH 值为 30%。使一个 30A·h 的单体电池和一个 70A·h 的单体电池并联就能得到一个 100A·h 的电池，此时电池管理系统就会检测该电池的 SOH 为 100%，但这实际上是由两个单体电池的 SOH 叠加而来，如图 1.34a 所示。又或者，给定一系列内阻为 1mΩ 的单体电池，那么电池管理系统就会估算

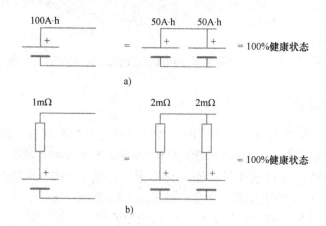

图 1.34 两并联单体电池 SOH 图

a) 两个容量低于额定容量的单体电池　b) 两个内阻高于额定内阻的单体电池

内阻为 1mΩ 的单体电池的 SOH 为 100%，内阻为 2mΩ 的单体电池的 SOH 为 50%。若将两个内阻为 2mΩ 的单体电池并联，那么此时将会得到一个内阻为 1mΩ 的电池，此时电池管理系统将会估算此电池的 SOH 为 100%，但是这是由两个电池电芯并联叠加的结果，如图 1.34b 所示。

当对电池的 SOH 进行估算时，电池管理系统设计者必须对各变化参数的相互作用进行定义，只有这样才能在多个参数并列出现时很好地解决 SOH 估算问题。

## 参 考 文 献

[1] Dubarry, M., et al., "Capacity and Power Fading Mechanism Identification from a Commercial Cell Evaluation," *Journal of Power Sources,* Vol. 165, 2007, pp. 566-572.

[2] Dubarry, M., and B. Y. Liaw, "Development of a Universal Modeling Tool for Rechargeable Lithium Batteries," *Journal of Power Sources,* Vol. 174, 2007, pp. 856-860.

# 第 2 章 电池管理系统分类

电池管理系统（BMS）可依据功能（能做什么）、技术（如何实现）、拓扑（实际结构）以及均衡方法（是否以及如何对电池进行均衡）等进行分类。

## 2.1 按功能分类

BMS 功能范围广泛，从很少甚至基本不控制单体电池的简单系统（这种系统给用户虚假的安全感，实际上达不到预期目的）到以各种可能的方法监视并保护电池的复杂系统。

作为新兴产业，尚未有完整的专业术语用以描述不同功能类型的 BMS。本章中所用的术语参照工业标准（如恒流恒压，分流器，保护器），而其他的则尽量选择为描述性术语（如监测器、监控器、均衡器）。按照系统复杂程度增加的顺序，BMS 分为如下几类：

1）恒流恒压（CCCV）充电器。
2）分流器。
3）监测器。
4）监控器。
5）均衡器。
6）保护器。

### 2.1.1 恒流恒压充电器

一些锂电池组用户仅采用恒流恒压充电器作为其电池的 BMS，但根据 1.2.8 节中的内容可知，这并不是恰当的选择。

恒流恒压充电器是用于对电池进行充电的规范标准的充电装置。它通常工作于两种模式下（见图 2.1），因此也对应于两种充电状态。

恒流模式（CC）：当开始对电池组充电时，充电装置将会输出一个固定的充电电流，在整个充电过程中电池的电压逐渐增加。

恒压模式（CV）：当电池组接近满充、电池电压接近恒定时，充电器维持该恒定充电电压，在接下来的充电过程中，充电器的充电电流将以指数形式进行衰减直至电池满充。

恒流恒压充电器过去常用于铅酸电池充电，因为某些使用者认为恒流恒压充

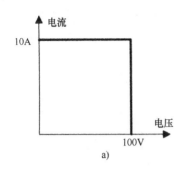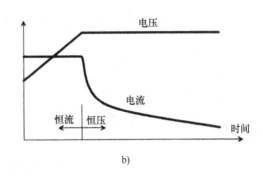

图　2.1

a) CCCV 充电器特性　b) 充电电压电流

电器可以提供足够的保护。这可能是正确的，但是铅酸电池不同于锂离子电池，它不会因完全放电而损坏，并且铅酸电池能够承受一定程度上的过充。

某些用于大型电池组的恒流恒压充电器宣称其具有 BMS 的功能，因为其采用不会对锂离子电池组过充的充电曲线进行设计。期望仅依靠恒流恒压充电器（仅依赖充电器且不了解单个单体电池电压）为大型锂离子电池组提供保护是欠考虑的，也是不现实的。在 1.2.8 节中我们已经论述了这种做法的不可靠性，同时也对为什么必须监测和管理锂离子电池组中每个单体电池电压进行了描述，如果不这样做的话，电池组单体电池的电压将会到达较为危险的等级。恒流恒压充电器不仅不能提供保护，它还会给普通用户虚假的安全感，增加了电池组损坏的可能性。

尽管在充电器中集成了一些 BMS 的功能（需要增加线圈来检测单个锂离子单体电池电压），但这样做仅仅能够实现防止电池过充，这是较为低效的做法。不妨搭配使用一个不具有 BMS 功能的充电器和一个 BMS 来实现全面的保护，而不是仅仅对电池进行防过充保护。

恒流恒压充电器可以作为具备 BMS 的电池系统的有用部分，如图 2.2 所示。BMS 将会在充电最多的那各单体电池满充后关掉充电器，而不考虑整个电池组的电压。若 BMS 系统中包含均衡功能，在充电最多的那各单体电池释放出一部分电能后，充电过程可以被重启，从而保证其余单体电池可以获得更多的电量。一旦整个电池组达到均衡状态，所有单体电池将会同时到达其最大电压，电池组总电压接近充电器的恒压值。最终，充电器就能够根据设定，以恒压和指数形式下降的电流完成充电过程，直到所有单体电池电压相等且满充。

有意思的是，允许 BMS 控制充电器会无视充电器的内部充电设定，因此具有特定算例的充电器不是必需的，甚至可能是有害的，这是因为 BMS 与智能充电器将会对控制权进行争夺。事实上，无论是使用智能充电器，还是使用非控制

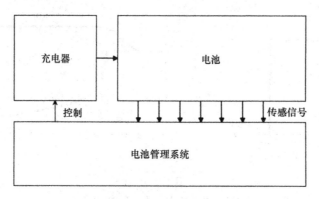

图 2.2  BMS 控制充电器

类的充电器，只要所用的 BMS 具有开通关断充电器的权限，以上现象就会发生。

综上所述，恒流恒压充电器作为 BMS 是不够的，这是因为

- 恒流恒压充电器无法防止单体电池过充。
- 恒流恒压充电器无法防止单体电池过放。
- 恒流恒压充电器不能实现电池均衡。

## 2.1.2 分流器

一些用户依靠分流器来均衡电池。虽然这也是一种较为有用的方式，但这样无法为电池提供保护。分流器价格便宜，便于应用，因此经常被业余爱好者选用。分流器与单体电池并联，当单体电池电量充满时，分流器旁路掉一部分或者全部充电电流。以单个单体电池为例，分流器是一个电压钳位电路，如图 2.3 所示。当单体电池电压达到满充电压时（磷酸铁锂电池为 3.6V，聚合物锂电池及标准锂离子电池为 4.2V），单体电池中的电流很小甚至没有，此时调节器开通，流过电流并维持该电压。

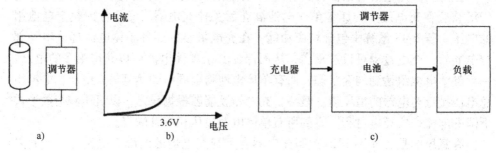

图  2.3

a) 单体电池并联分流器  b) 分流器特性  c) 应用分流器系统模块图

当电池组中所有分流器开通时，所有单体电池电压接近，即第一步，所有单体电池一致。第二步，单个单体电池电阻变化意味着所有单体电池并不是真正一致，这个问题将在后面章节讨论（详见第 3 章）。

分流器存在一个问题，即它能够处理的电流有限。如果充电器释放的充电电流大于分流器的额定电流，那么有可能出现以下两种情况：

* 如果分流器电流被限定在一个定值，那么超出的电流将会流向单体电池，使单体电池过充。

* 如果分流器电流未受限制，那么超出的电流将会流经分流器，最终损坏分流器。

通过合理地匹配充电器和分流器，可解决上述问题，匹配方法分为以下三种：

1）增加分流器电流规格至充电器最大电流（电流越大，分流器成本越高）。

2）降低充电器最大电流至分流器额定电流（充电时间延长）。

3）对充电器进行编程控制，一旦有分流器开通（根据电池组电压控制，但是这种方法并不可靠，详见 1.2.8 节），减小充电器输出电流。

通过使用匹配的充电器、分流器不仅可均衡电池组，还可以防止过充，这是在单体电池充满时通过旁路充电电流实现的，而不是通过关断充电器实现。

综上所述，分流器的功能为均衡锂离子电池组。仅采用分流器作为 BMS 并不是一项明智的选择，这是因为

1）分流器不能防止单个单体电池过充。

2）分流器不能防止单体电池过放。

即使分流器和匹配的充电器一同使用，分流器也不能当作 BMS 使用，因为单独使用分流器不能防止单体电池的过度放电。

## 2.1.3　监测器

监测器的作用仅是监测参数，并不能主动地控制充电或者放电过程。监测器可以满足热衷于了解单个单体电池电压，并想要在意外发生时进行手动调整的业余爱好者或者研究人员。此类装置的功能一般包括

* 测量每个单体电池电压。
* 测量电池组的电流及温度。
* 编译数据。
* 计算或者评估电池组的状态，如 SOC。
* 在显示屏上显示上述结果。
* 也可能包含警告功能（应用提示灯或者蜂鸣器）。

由于缺少更好的词汇，我们将具有上述功能的装置通称为"监测器"，如

图 2.4 所示。

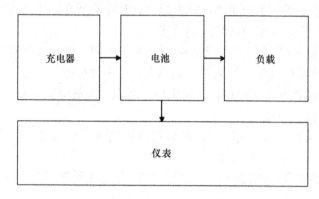

图 2.4　应用监测器系统模块图

监测器使用者可能认为他们已经拥有一个真正的 BMS，但他们没注意到的是他们将自己也集成到了整个 BMS 系统中。如果没有使用者，那么整个系统的控制环就会被打断，电池组可能由于过度充电而毁坏（恒流恒压充电器没有起作用，详见 2.1.1 节）.

综上所述，监测器不足以作为 BMS，主要是因为

1）监测器无法防止单个单体电池过充。

2）监测器无法防止单体电池过放。

3）监测器并不能实现均衡电池组的功能。

即使整个环节中有使用者，监测器也不足以作为 BMS，因为它不能起到均衡电池组的目的。

## 2.1.4　监控器

监控器（见图 2.5）给人的感觉与监测器类似，它也可以测量每个单体电池的电压，但监控器确实实现了闭环控制。在电池工作过程中，如果出现故障，含有监控器的系统并不依赖于附近的使用者，而是直接采取正确的措施通过间接控制充电器和负载实现系统的自动控制。监控器可能无法对电池组的性能进行优化（无法实现均衡），但是监控器可以自动保护系统使之工作在安全区域内。监控器通常被研究人员用来测试大规模锂离子电池组。

监控器并不具有切断电池组电流的功能，它所能做的就是向其他设备（如充电器、负载）发送指令，以实现减少或者切断电池组电流的目的。如果电池系统内并没有接收和实现需求的设备，那么系统内必须有一个大功率开关（一般是接触器—大功率继电器），同时均衡器必须能够激活该开关来切断电池组电流。

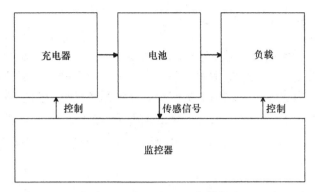

图 2.5　应用监控器系统模块图

监控器可能是单机模式（仅有少数的导线控制关断充电器和负载），又或者它具有显示或者通信设备向系统其他部分发送数据的功能。

综上所述，监控器可以为电池组提供全面的保护，但是它无法实现单体电池之间的平衡。

### 2.1.5　均衡器

平衡器（见图 2.6）类似于监控器，但它还能够通过均衡单体电池来实现电池组性能的最大化。此外，它绝不是一个独立的设备。它包含通信线，可以向系统的其他部分传输数据。均衡器是目前大型锂离子电池组研究人员的首选。

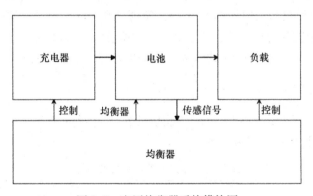

图 2.6　应用均衡器系统模块图

均衡器可以和电池物理隔离，也可以直接安装在单体电池上，或者是这两种方式的组合（详见 2.3 节），它可以采用不同优缺点的均衡策略对电池进行控制（见 3.2.3 节）。

综上所述，只要均衡器的连线方式使之可以控制充电电源和放电负载，那么它足以充当 BMS。

## 2.1.6 保护器

保护器类似于均衡器，但是它比均衡器多了一个可关断电流的开关。

保护器通常是集成于电池中的一部分，与电池放在同一个封装内，仅有两个功率端子从封装内部伸出，如图2.7所示。保护器通常被应用于消费类电子产品中，但是它基本不被用于专业的、大型的锂离子电池组，因为保护器内部的开关无法应付大功率负载。在大型锂离子电池组中，一般应用均衡器而不是保护器（详见2.1.5节）。

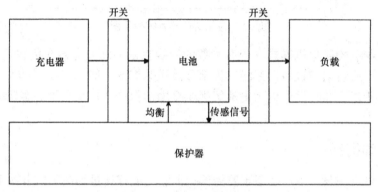

图2.7 应用保护器系统模块图

保护器内部的开关通常采用固态开关（如晶体管），充放电时能够处理高达50V的电压，能够处理的电流为5~50A。实现这样的功能需要两套串联的晶体管，分别对应电池组的充放电电流方向。晶体管功率等级一般仅能用于小型电池。

综上所述，对于小型电池的管理，保护器是完全能够胜任的。

## 2.1.7 功能对比

从表2.1可以看出，BMS全部功能仅能由平衡器（用于大型电池组）和保护器（用于小型电池）完整实现。

表2.1 不同 BMS 功能特性对比

| | 测量 | 计算 | 通信 | 均衡 | 保护 充电 | 保护 放电 |
|---|---|---|---|---|---|---|
| 恒流恒压充电器 | | | | | | |
| 分流器 | | | | √ | | √* |
| 监测器 | √ | (√) | √ | | | |
| 监控器 | √ | (√) | √ | | √* | √* |
| 均衡器 | √ | (√) | (√) | √ | √* | √* |
| 保护器 | (√) | (√) | (√) | √ | √ | √ |

注：表中（√）表示装置具有此类特性，√*表示需要额外的测量装置。

## 2.2　按技术分类

目前有两种基础技术用来搭建 BMS，即模拟方式和数字方式。两者的区别在于如何对单体电池电压信号进行处理。当然所有系统都需要来自前端的模拟信号，BMS 所用的处理单体电池电压的模拟电路（如模拟比较器、放大器、差分电路或者类似的元件）都为模拟系统。而将单体电池电压处理为数字信号的 BMS 称为数字系统。

或者可以说，按照复杂程度 BMS 可以分为两类，即简单系统和复杂系统。

复杂的 BMS 可以监测每个单体电池电压并上传数据，而简单的 BMS 则无法做到。这两类 BMS 特点的总结如下：简单的 BMS 系统一般是模拟系统，而复杂的 BMS 系统则为数字系统。当然，模拟 BMS 系统不一定简单，数字 BMS 系统也不一定复杂。仅仅是满足于简单系统的设计者更喜欢模拟电路，而那些熟知管理锂离子电池中的挑战的设计者，则会选择数字技术来解决问题。

### 2.2.1　简单系统（模拟系统）

模拟 BMS 的能力十分有限，仅仅能完成必需的 BMS 功能。首先，模拟 BMS 不能监测单个单体电池电压，它或许可以检测到某个单体电池电压过低，但无法获知具体是哪一个单体电池或该单体电池电压有多低。只要 BMS 可以在单体电池电压低时关断负载，那么不知道哪个单体电池电压低、该电压有多低都不会产生问题。但当需要在不接通电路时对电池进行分析并利用电压表进行测量时，就会引发问题。

图 2.8 中给出了一个模拟分流器的例子，可能会帮助我们理解。分流器可能用一个由单体电池电压供电的电源监测 IC，在单体电池电压超过 IC 设定的阈值电压时，驱动分流设备使其工作。IC 内部由两部分组成，参考电压和模拟比较器，当单体电池电压超过参考电压时，比较器输出状态反转。由于模拟比较器的存在，调节器可视为模拟型设备。

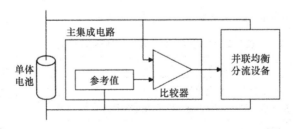

图 2.8　模拟电池管理系统例子：分流器

## 2.2.2　复杂系统（数字系统）

数字 BMS 可以准确监测每个单体电池的电压（甚至更多，比如单体电池温度、状态）。因此，数字 BMS 可以共享这些数据，这一点对于分析整个电池组的状态来说是非常有意义的。上述功能通常是大型、专业锂离子电池组的需求。

图 2.9 给出了一个数字监测器的例子来帮助我们对数字系统进行理解。该设备包括一个模拟的数据选择器，可以对串联单体电池上相邻导线搭接处的电压进行选择并采样，然后将数据发送到模-数（A-D）转换器。在此之后，BMS 以数字方式实现所有功能，例如对相邻导线搭接处的电压进行减法运算，从而计算出两个导线搭接处中间单体电池上的电压。

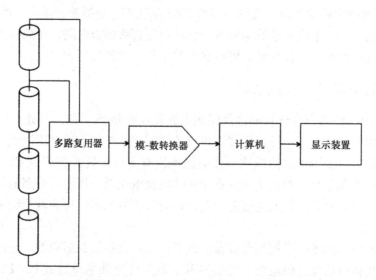

图 2.9　数字电池管理系统例子：监测器

## 2.2.3　技术对比

表 2.2 对比了模拟 BMS 和数字 BMS 的区别。

表 2.2　数字 BMS 与模拟 BMS 差别对比

| | 模拟系统（简单系统） | 数字系统（负载系统） |
| --- | --- | --- |
| 单体电池电压 | 可以检测到某个单体电池电压过低，但不知道是哪个单体电池，也不知道有多低 | 可以检测到每个单体电池的电压 |
| 阈值检测 | 模拟比较器 | 数字比较器 |

## 2.3　按拓扑分类

BMS 可以根据其安装方式进行分类：第一类为直接连在每个单体电池上安装；第二类为整体安装；第三类混合运用第一类和第二类安装方式。拓扑结构是 BMS 非常重要的特性，它会影响系统的成本、可靠性、安装维护便捷性以及测量准确性。本节根据功能将 BMS 分为集中式、主从式、模块式以及分布式几种类型。

### 2.3.1　集中式

集中式 BMS 系统（见图 2.10）位于一个封装内，从封装内部延伸出一束导线（$N$ 个单体电池时为 $N+1$ 根导线），连接到单体电池上。使用一个封装结构具有如下几个优点：

- 结构紧凑。
- 价格最便宜（将一系列电子器件安装在一个封装内部比安装在多个封装内部要便宜）。
- 当 BMS 需要检修时，仅需要替换一个封装，非常简便。

Convert The future 公司的 Flex BMS48 就是一个集中式、规模化的 BMS 的，详见第 4 章。

### 2.3.2　模块式

模块式 BMS（见图 2.11）与集中式 BMS 相似，但是模块式 BMS 系统被分为多个相同的子模块，每个封装的导线分别连接电池内部不同的模块。一般来说，其中一个 BMS 子模块被设计为主模块，管理整个电池模块并与系统其他部分通信，而其他 BMS 子模块则只起到远程测量的作用，通信导线会将模块的读数传递到主模块。

模块式拓扑具有集中式拓扑的大部分优点，此外还有

- 由 BMS 子模块到单体电池的导线方便管理：每个 BMS 子模块放在离电池最近的位置。
- 易于扩展，可以增加更多的 BMS 子模块。

其缺点如下：

- 模块式 BMS 成本要比集中式拓扑高，从属模块功能重复、无用。
- 模块式 BMS 需要增加额外的搭接导线，两个子模块的导线搭接处需要两根导线，每个模块一根。

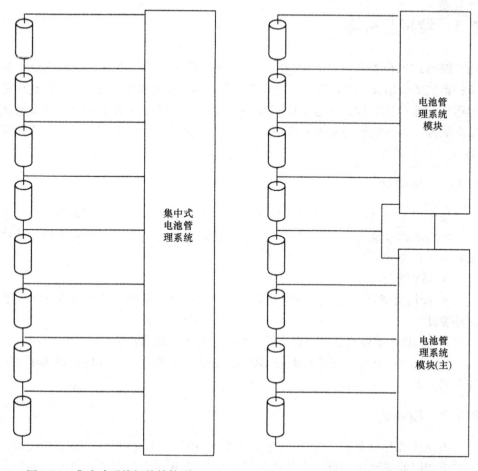

图 2.10  集中式系统拓扑结构图          图 2.11  模块式系统拓扑结构图

- 由于每个模块仅能处理一定数量的单体电池，因此在物理上通常增加模块的方式比使用较少模块应用较多导线的方式更加受到青睐，但是这样有时会导致一些 BMS 模块的闲置，造成了较大的浪费。

Reap System 公司的 14 芯数字 BMS 是较为典型的规模化、模块式的 BMS，详见第 4 章。

## 2.3.3  主从式

主从式 BMS（见图 2.12）与模块式系统相似，主从式 BMS 应用多个相同的模块（即从属模块），每个模块测量一些单体电池电压。然而，主模块则与其他模块不同，它不测量单体电池电压，仅进行计算和通信。

主从拓扑结构 BMS 同时具有模块式拓扑 BMS 大部分的优点和缺点。此外，

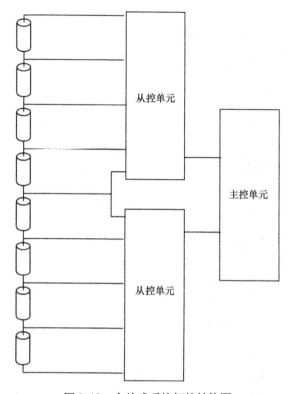

图 2.12　主从式系统拓扑结构图

主从拓扑结构中从属模块花费的成本要比模块式结构低，因为主从式拓扑中的从属模块经优化后其功能仅有一项，即测量电压。

　　Black Sheep 公司的 BMS_Mini_V3 是较为典型的规模化、主从式 BMS，详见4.4.2.1 小节。

## 2.3.4　分布式

　　分布式 BMS（见图 2.13）与其他拓扑结构的电池管理系统存在着明显的不同，在其他拓扑结构的电池管理系统中，各电子设备并不会被分别地安置于单体电池上。在分布式电池管理系统中，电子器件被直接安装在与待测单体电池一体的电路板上。在其他拓扑结构下，需要在单体电池和电子器件之间连接大量的线缆，而对于分布式电池管理系统来说，仅仅需要在单体电池电路板和电池管理系统控制器之间使用较少的连接线就可以达到相同的效果。电池管理系统控制器用于控制整个系统的计算及通信（在一些简单的应用中，并不需要电池管理系统控制器）。EV Power 公司的 BMS-CM160-V6 就是一个较为典型的、规模化的分布式电池管理系统的例子。

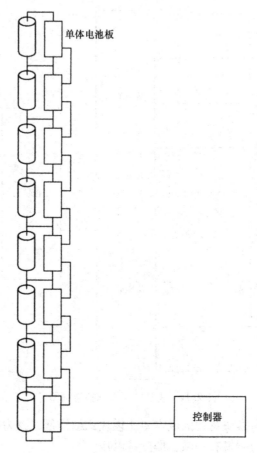

图2.13  分布式系统拓扑结构图

相比于其他拓扑结构的电池管理系统,分布式电池管理系统具有较为明显的优缺点,见表2.3。对于各种拓扑的电池管理系统,并没有一个明确的选择指南,只能根据自身应用需求进行选择。这些需求一般有安全性、开销(组成部分、装配和维护)以及可靠性等。

表2.3  分布式与非分布式电池管理系统对比

|  | 分 布 式 | 非 分 布 式 |
|---|---|---|
| 成本 | 较高:每个单体电池电板上都需要电子器件,同时还需要更多的其他组装元件 | 较低:需要的安装元器件较少 |
| 单体电池连接方式 | 在单体电池上安装电子器件是一个较新的概念,需要使用者有一个学习过程 | 在单体电池及测量用电子器件间连线是一个较为简单的过程,使用者很容易理解 |

（续）

| | 分 布 式 | 非分布式 |
|---|---|---|
| 连接可靠性 | 就单体电池连接来说，此种结构的可靠性较高，但是在通信的连线上可能存在着一些隐患 | 安全隐患较大，并且此种结构无通信线路 |
| 安装难易程度 | 需要更高的安装技巧，但是不会引起安装时间的延长。管理多个单体电池的电板可以安装得非常快 | 不需要很高的安装技巧，但同时也不会节省很多时间 |
| 安装错误情况 | 一般不会出现安装错误 | 非常容易安装错误 |
| 故障排除 | 由安装于单体电池电板的 LED 辅助完成 | 故障排除功能薄弱 |
| 更换配件成本 | 可以更换较为经济的单体电池电板 | 必须更换较贵的配件 |
| 更换劳动量 | 高 | 低 |
| 测量准确度 | 高 | 低 |
| 温度测量 | 直接测量 | 需要额外增加设备 |
| 电路抗干扰能力 | 差 | 好 |
| 扩展通用性 | 好 | 差 |
| 绝缘损失 | 通信线路以地为参考：因此短时高电压容易造成绝缘损失 | 线路抽头以高电压为参考：末端短时电压易造成绝缘损失 |
| 高压短路危险 | 较低[①] | 较高 |
| 等离子故障 | 较低 | 较低 |

① 应用无线通信（光纤）估测风险。

## 2.3.5　拓扑对比

表 2-4 针对不同拓扑结构的电池管理系统进行了对比

表 2-4　电池管理系统拓扑结构对比

| | 检测质量 | 抗噪能力 | 通 用 性 | 安 全 性 | 器件开销 | 装配开销 | 维护开销 |
|---|---|---|---|---|---|---|---|
| 集中式 | √√ | √√√ | √ | √ | √ | √√ | √ |
| 主从式 | √√ | √√√ | √ | √ | √√√ | √√ | √ |
| 模块化 | √√ | √√ | √ | √ | √√ | √√ | √ |
| 分布式 | √√√ | √ | √ | √ | √√ | √ | √√ |

注：表中 √√√ 表示优秀，√√ 表示较好，√ 表示好。

# 第3章 BMS 功能

本章将对 BMS 的不同功能加以探索，将其分类如下：

- 测量。
- 管理。
- 评估。
- 通信。
- 记录。

本章给定的 BMS 都具备上述功能，如图 3.1 所示。

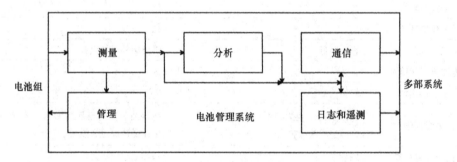

图 3.1 BMS 功能

## 3.1 测量

标准版数字 BMS 的首要功能就是收集数据（简易版模拟 BMS 不具备此功能）。测量信号包括：

- 单体电池电压（也可能包含电池组电压）。
- 典型单体电池温度，或至少含有电池模块温度。
- 电池组电流（这是最基本的一项数据）。

### 3.1.1 电压

成熟的数字 BMS 可以覆盖对单体电池以及电池组串的电压测量，有的还可测量整个电池模块的电压，但由于模块压值可以通过单体电池电压累加求得而使得该功能并非是必备的。

#### 3.1.1.1　电压监测方法

　　一个分布式 BMS 可以直接测量单体电池的电压（通常电池板在测量单体电池电压时由单体电池本身负责供电）。另外，BMS 还可以通过测量电池内的分接头电压，并计算两个分接头之间的电压差值作为单体电池电压值。或者，BMS 可以同时采用两种方法，测量单体电池两端的分接头，并计算其电压差值作为单体电池电压。电压信号由模拟多路调制器采集得到，通过模拟-数字（A-D）转换器读取数据并传输数据至处理器（可能共用同一集成电路 IC），如图 3.2 所示。

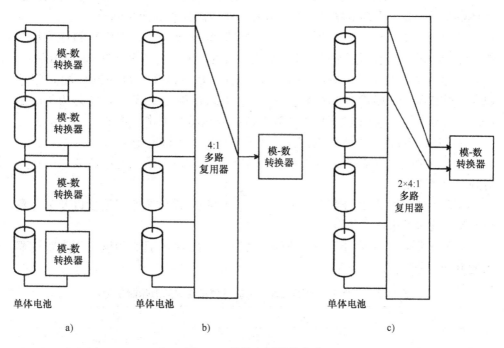

图 3.2　单体电压测量方法

a）离散　b）单极复用　c）差动复用

#### 3.1.1.2　读取速率

　　读取速率依赖于应用模式。

- 对于备用电源应用模式，读取速率可达 1min/点或者 10s/点。
- 对于电流变化频繁的应用模式（例如电动交通工具应用），读取速率可达 1s/点。
- 对于研究应用，研究者希望得到 10 点/s 甚至 100 点/s 的读取速率。

　　如果 BMS 需要计算电池单体内阻，在电池组电流变化剧烈的情况下，应尽量保证所有单体电池的电压应能同步或接近同步进行测量，这样可以保证测量时流经电池组内部的电流相等。否则单体电池内阻的计算将由于电压测量和电流测量的不同步而造成误差。只要读取同步，之后的数据上传则可以依次进行。

### 3.1.1.3　数据精度

读取数据的精度要求取决于其使用模式。

- 电池满充或满放的普通检测中，100mV 的精度即满足要求，因为对于锂电池而言，其 OCV（开路电压）-SOC 曲线在头部和尾部均呈现陡峭线型。在充电时电压上升了大约 200mV，而在放电时电压会降低了大约 500mV。
- 在充电时为保持电池的高度均衡性，采用 50mV 的数据精度即可以匹配单体电池的 SOC。更高的精度会由于存在单体电阻误差而无法体现。
- 为了通过 OCV-SOC 曲线任一端实现根据 OCV（开路电压）精确估算单体电池的 SOC，要求精度至少为 10mV 级。否则，SOC 的估算会有 10% 的误差。
- 为了在 OCV-SOC 曲线的中间坪特性区域（20% ～ 80% SOC 段）根据 OCV（开路电压）精确估算单体电池 SOC，要求精度为 1mV 级。这是为了满足 BMS 不必依据 SOC 历史数据便可估算单体电池 SOC 的要求。例如：
- BMS 安装在电池本体的产品（不是安装在可拆卸电池上）。
- 电池组达不到满充或满放的混合动力电动车，无法在充电或放电的端点对 SOC 进行校准。

表 3.1 列举了 A-D 分辨率（基于 5V 的规格），总体参考耐受度以及为达到所列精度要求的电压分压器。

大多数 BMS 的精度介于 10 ～ 30mV 之间。少数 BMS 具有为满足更高精度要求的电子元器件。

**表 3-1　A-D 分辨率要求以及为获得要求精度的总体耐受度**

| 精　度 | 分　辨　率 | 偏　差 |
|---|---|---|
| 100mV | 6 位 | 1% |
| 30mV | 8 位 | 0.25% |
| 10mV | 9 位 | 0.1% |
| 1mV | 12 位 | 0.01% |

### 3.1.1.4　隔离

电池成组模块中电压电位高的单体电池应该与电压电位低的单体电池以及接地参考的单体电池隔离放置。作为电压测量的支持工作，有必要介绍电池组的隔离问题，详见介绍 BMS 设计工作的 5.3.1.1 小节。这里只强调电池组和低电压电位单体隔离放置的必要性。不加隔离对电子元器件来说可能不是问题，但会带来安全风险，因为会潜在形成一个电流环流路径，使用者可能会扩大这个路径，因此遭受电击。

## 3.1.2　温度

需要测量电池组、电池或独立单体电池温度的理由如下：

● 锂离子单体电池在外界处于某个特定的温度范围时不能放电，也会在另一个更窄的温度范围内不能充电。这使得在移动式应用等某些温度不可控的应用场景下，需要监测温度。

● 当由于内部问题（单体已坏或正被滥用）或外部问题（电源连接不佳，本地热源）导致单体电池变热时，应该对系统发出警告信号，而不是任其发生严重故障。

● 在分布式 BMS 内，在单机板处添加传感器比较简单。不仅可以测量单体电池温度，还可以检测均衡负载是否在工作。

数字 BMS 对温度可以监测或不监测，而模拟 BMS 却不能如此，即使测量也是在电池级。分布式 BMS 可以测量每个单体电池的温度；非分布式 BMS 只是测量电池或电池模块温度（见图 3.3）。如果 BMS 只有一只或少量传感探头，这些探头应该布置于电池或电池模块的特定位置，比如最易升温或最易降温的位置。

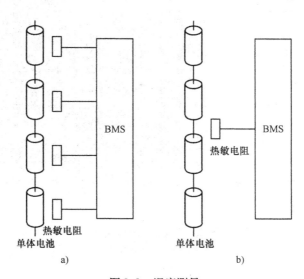

图 3.3　温度测量
a）单体电池级　b）电池极

## 3.1.3　电流

电池电流的信息使得 BMS 能够具备更多功能，使其成为专业设备。特定 BMS 应具备如下功能：

- 防止电池内的单体因续流而超出安全区域（SOA）（模拟式 BMS 通常具备这种测量电池电流的功能）。
- 使用电流积分作为计算 DOD 的一部分，以实现燃油计量功能。
- 简易显示电池电流。
- 防止电池内流经单体电池的电流峰值或者以续流形式超出安全区域。
- 计算单体电池内部直流电阻。
- 通过计算电池电流与单体电池内阻的乘积来计算单体端电压。

测量大电流有两种方式，即

- 电流分流：小阻值电阻、高精度电阻器。
- 霍尔效应电流传感器。

### 3.1.3.1 电流分流

电流分流是一个高精度、低数值的大功率电阻器（见图 3.4）。电池模块电流在分流中通过，从而导致电压降。需要特别关注如何避免由于连接问题造成的误差。

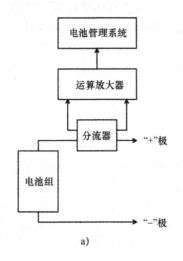

图 3.4 电流分流传感器
a) 电流 b) 实例

- 与电阻元件相比，分流的尾端部分大，因此阻值几乎不受连接方式的影响。
- 功率连接部分与传感部分分离，或者离得更远（称为 Kelvin 连接）。

传感连接部分的两端电压可以扩大并导出电池模块电流。电流分流具有以下特点：

- 无论温度是多少，电流分流在零电流时无偏移，这可以很好地避免以库仑计数的漂移（虽然偏移是由伴生电子产生）。

- 电流分流与电池模块不需要隔离放置。对于大型电池模块，BMS 必须提供某种程度的隔离。
- 电流分流的电阻随温度变化，从而会导致误差。
- 分流传感器会导致能量损失。
- 电流分流传感器提供一个微小信号（毫伏级）。BMS 必须具备放大器，之间的布线应该避免电子噪声的干扰，一般采用屏蔽双绞线的方式。

### 3.1.3.2　霍尔效应传感器

霍尔效应传感器布置于承载电池模块电流的电缆所产生的磁场中，并产生与电流成比例关系的电压，此电压能够直接测量，如图 3.5 所示。大电流霍尔效应传感器是环状的模块，承载电池模块电流的电缆穿过它。小电流霍尔效应传感器是具有两个功率终端的集成电路，电流经过它。霍尔效应传感器具有以下特点：

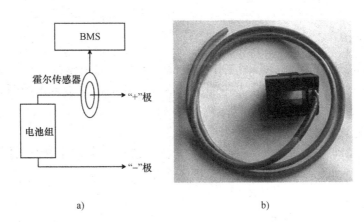

图 3.5　霍尔效应电流传感器

a）电流　b）电缆悬置传感器模块

- 经由霍尔效应传感器测量的电流值时刻准确，不受温度影响。
- 霍尔效应传感器与电池模块电流隔离，因此无须隔离装置。
- 霍尔效应传感器在零电流时发生偏移，这个偏移随温度变化。因此，即使在室温下被置零，当温度很高或很低的时候也会报告一个平时不出现的小电流。处于零电流时可以对其进行频繁的校准，比如用于混合电动汽车的场景。

霍尔效应电流传感器是具有放大器模块，因此与电流分流输出不同，霍尔效应电流传感器的输出信号数值较大。其驱动源可以是一个电压源（5V）或两个电压源（+／-12V 或 +／-15V），可设置为单向（只在单向上读取电流）或双向（在双向上读取电流）。基于此，输出可以接地（0V 或 0A），或者存在偏移（典型值是 0A 时 2.5V）。特别地，双电源双向传感器的输出也是双极性的，即

"+" 或 "−"。

BMS 的模拟输入在电流传感器的输出电压处于 0~5V 或 −12~12V 时应该具有兼容性。为了在 0~5V 时的输入得到传感器双极电流，需要配置一个 2:1 的分频器，一个电阻器串联其中，另一个布置于 BMS 输入端与一个 5V 电源之间。

## 3.2 管理

BMS 从以下三个方面管理电池模块：
- 保护：禁止电池工作在安全区域（SOA）以外。
- 平衡或再分配：使电池模块容量最大化。
- 热管理：主动动作使电池工作在安全区域以内。

简易版模拟 BMS 可能仅具备保护和平衡功能。数字 BMS 则具备大部分或全部功能。

### 3.2.1 保护

合格的 BMS 可以通过不同工作模式保证单体电池工作在安全区域（SOA）以内来保护电池模块。由于类型不同，BMS 可能中断电流或发出中断请求（开-关控制）或减小电流（模拟电流限制）。

#### 3.2.1.1 监测模式

合格的 BMS 将基于以下一种或几种方式，通过保证单体电池工作在安全区域以内来保护电池模块的安全性（见图 3.6）：

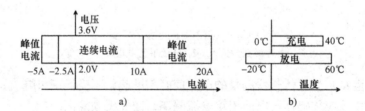

图 3.6 运行于安全区域的单体电池示例

a）电流电压 b）温度

- 电池模块电流。
- 单体电池电压（可能附加监测电池模块电压）。
- 单体电池或电池模块温度。

1. 电池模块电流

锂离子单体电池在充电和放电时对电流的限制是不同的，短时内可以承受尖

峰大电流放电。因此，电池制造商定义了 4 种描述单体电池的典型参数，即
- 连续充电电流。
- 充电电流峰值。
- 连续放电电流。
- 放电电流峰值。

如果 BMS 保护动作，可能在任意的电流方向与时间长度都固定设置为电池最大电流。只有更复杂的 BMS 才会具备 4 种电流限制方式所对应的 4 种设置。

能够辨识续流和峰值电流的 BMS 内置了整合峰值电流中过电流的算法，此算法可判断是否需要进行削减或中断峰值电流（见图 3.7）。这种算法几乎可以瞬时处理极端瞬时电流（例如由于小回路未熔断熔丝）以及处理不过限的电流脉冲，并允许这个电流脉冲持续几分钟（例如电动车加速）。

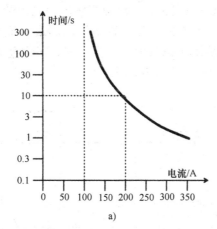

a)

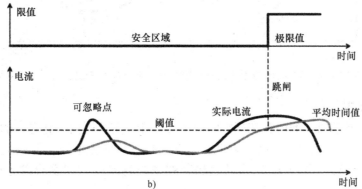

b)

图 3.7　处理连续或峰值电流

a）设定连续电流为 100A，峰值电流为 200A，10s 时的处理时间

b）对峰值电流的延迟处理

当接近限值时，BMS 要求电流减小（比如通过减少电动机转矩来逐渐减小）。这样就形成了反馈回路，回路中的较大电流导致 BMS 请求减小电流，这也是系统减小电流的要求。在某些应用场景中，电流将会取一个折中值并保持此数值（取决于环路增益，也会导致振荡）。

2. 单体电池电压

由于每个单体电池电压需要维持在一个范围内，BMS 必须通过某种方式感知是否有单体电池电压接近限值。有些 BMS 在单体电池电压达到限值时直接关停电池电流，另一些则采取逐渐减小电流的方式。

当接近上限值时，BMS 控制充电电流减小。有些充电器允许对充电电流进行控制，当电池模块接近满充状态时，以电流渐小的方式进行充电。

当接近下限值时，BMS 控制放电电流减小（比如通过减小电动机转矩来逐渐减小）。对于电动汽车，如果在快速加速期间突然出现这类情况，将对驾驶员造成伤害甚至危险。因此，BMS 最好使用单体电池电压最小值的均值来判定是否该对电流进行限制，而不是使用瞬时值。这样一来，可以忽略快速加速的工况，但是长时间爬坡会导致电流减少（见图 3.8）。

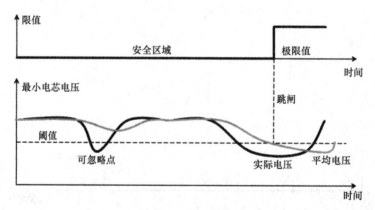

图 3.8  对单体电池低电压的延迟处理：短时暂停不会导致错误，长时则会导致错误

3. 电池模块温度

锂离子电池模块的温度在放电时必须维持在一定范围内，充电时的范围要求更小。有些 BMS 在温度太高或太低时将会直接关停电池电流；另一些则是逐渐减小电流；还有一些 BMS 则是通过热管理系统将温度调回至合理范围内（见 3.2.2 节）。

4. 电池组电压

BMS 无需对电池组电压进行监控。然而，电池组电压将会影响系统的其他部分。例如，充分平衡的 100 个锂聚合物的串联单体电池可能会达到 420V 的电压，而与电池组相连的电动机控制器的上限值为 400V。只要 BMS 防止每一节单体电池不超过 4.2V，也能使电池组电压不超过 400V。如果电池组不是充分平衡，当 BMS 在电池组电压达到 400V 时停止充电，仅有一些单体电池达到了 4.2V 的限值，但单体电池平均电压是 4.0V。一旦电池组被充分平衡，当电池组电压达到 400V 而停止充电时，所有单体电池电压都应在 4.0V。

### 3.2.1.2　电流中断

依据类型不同，BMS 通过以下不同方式保证电池组的运行不超过安全区域（见图 3.9）：

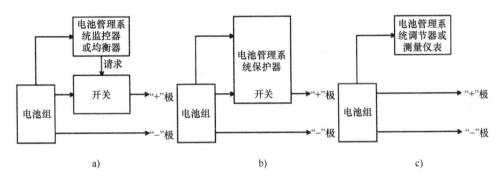

图 3.9　电流关断方法

a) 请求关断　b) 直接关断　c) 不动作

- 监测器和平衡器：发送减少或停止使用电池的指令。
- 保护器：直接中断电流。
- 其他：不动作。

1. 中断要求

处于或接近边界条件时，监测器和平衡器可以通过要求外部系统减少或停止使用电池组以达到保护电池组的目的。通过专用线路和/或通过通信链接上的数据，线性变化的数值以及开关信号等实现上述功能（见图 3.10）。这些信号包括

- 放电电流限制（DCL）：BMS 通过输出该信号控制电池组放电电流。通常为标称值。BMS 视该情况为接近放电不安全状态，因此削减该信号以减小放电电流，一直到零。这个信号可以通过以下方式与外部系统进行通信：

1）模拟 DCL：与 DCL 成比例的电压专用线路（例如，不限制时为 5V，如果放电电流都被禁止时会跌至 0V）。

2）数字 DCL：通信链接上的数据，无论是安培值还是百分比（例如不限制时 300A，如果放电电流都被禁止时会跌至 0A）。

- 充电电流限制（CCL）：相似地，BMS 输出这个信号以控制电池组充电电流。通常是标称值。BMS 将此情景视为不安全，将削减这个信号以使充电电流

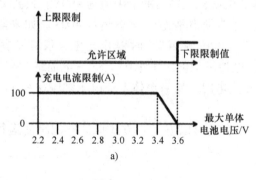

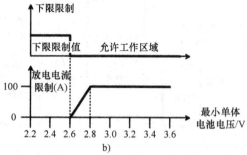

图3.10 根据单体电池电压的电流减少以及关断请求

a）充电限制 b）放电限制

减少，一直到零。

1）模拟 CCL：与 CCL 成比例的电压专用线路

2）数字 CCL：通信链接上的数据，无论是安培值还是比例值。

• 下限限制（LLIM 或 LVL）：当 BMS 将此情景视为运行于放电安全区域之外，BMS 会产生此信号要求放电停止。这个信号可以通过以下方式与外部系统通信：

1）数字：专用线路，开启/关闭（如同开关），或是高/低的逻辑水平。

• 数据：通信链接的一个字节/位。

• 上限限制（HLIM 或 HVL）：相似地，当 BMS 判断电池组即将超出安全区域时，BMS 会产生此信号要求停止充电。

1）数字：专用线路，高/低的逻辑水平，或是开启/关闭。

2）数据：通信链接的一个字节/位。

• 后备（代客模式或低功耗运行）：当 BMS 判断接近于放电安全区域边界时，BMS 会产生此信号要求放电被限制到较低水平。一些摩托车控制器通过提供代客输入模式保证使用者以低功耗运行模式行驶回家中。此时的控制信号可以通过以下某种或全部方式传输到外部系统：

1）数字：专用线路，高/低的逻辑水平，或是开启/关闭。

2）数据：通信链接的一个字节/位。

2. 直接关断

另一方面，保护器会切断电池电流以防电池组运行于安全区域之外。电池流经保护器内部，保护器通过开关控制。保护器不必依靠系统的其他部分关断电流是一个优点。然而，突然的电流关断可能会带来不便并增加危险。

保护器能够通过固态开关或接触器关断电流。无论 BMS 采取何种技术，也无论开关布置于 BMS 里面（在保护器中）或外面（其他种类 BMS），必须保证其在最大电流和电压时均能照常工作。开关用于电池组单点故障，与功率回路中的其他元器件相同。

## 3.2.2　热管理

锂离子单体电池的温度范围（例如，−20～60℃）比其他化学材料体系的电池性能都要大，但在很多应用场景下的表现还是不能尽如人意（例如汽车要求−40～85℃）。军用环境下几乎不可使用。因此，一些应用场景需要对电池组进行热管理。

BMS 通过以下方式对电池组进行热管理：

1）加热。

2）冷却。

### 3.2.2.1　加热

测得电池组温度后，BMS 通过控制加热器使电池组保持最低运行温度以上。通常，当电池组能够从充电电源获得能量时（例如，电动汽车充电时），这种功能才能实现。分布式 BMS（尽管不如使用加热器）加热电池组策略是打开电池板上所有能提供热量的被动均衡负载（对于 100W 的电池组，单体规格为 1W/单体）。

### 3.2.2.2　冷却

相似地，已知电池组温度，BMS 通过控制风扇或吹风机使电池组保持最高运行温度以下。

不要以为电扇对于"亚利桑那的炎热天气"是有帮助的。电扇能做的只是均衡电池组与外部环境的温度。如果环境温度是 60℃，那么使用电扇还是会导致电池组温度上升（电池组绝缘以及高热质会令其保持冷却状态）。电扇只能在电池组高于环境温度时起作用，这是因为热量是由电池组自身产生，或者之前处于一个温度更高的环境。在亚利桑那那样的环境下唯一能起作用的就是冷藏。

通风系统的噪声可能成为问题，BMS 应该具备对电扇转速控制的功能，从而当电池组温度不是太高时电扇就可以比较安静的运转，而当电池组温度升高时电扇的运行速度可以随之调整以保持温度合适。

### 3.2.3 平衡

平衡措施的应用，在保证单体电池不会过充的前提下，留出更多的可充电空间。平衡程序使得所有单体电池都有相同的 SOC（见图 3.11），平衡功能（见 1.4.2 节）可由 BMS 或分布式充电器实现（见 5.5 节）。若由 BMS 实施，平衡可以为主动方式（能量传递于单体之间）或被动方式（能量通过释放热能而有所损失）。再分配（见 3.2.4 节）比平衡更进一步，使得所有单体电池容量都能够充分利用。

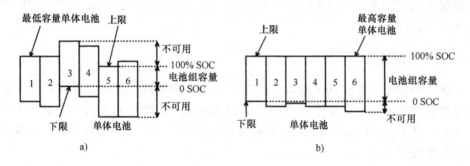

图 3.11　平衡程序
a）不平衡电池　b）过平衡电池

如果不加平衡，因流经电池组所有串联单体（或并联模块）的电流相同，所以 DOD（A·h）的变化也在同一速率。BMS 通过对具有不同于电池组电流值的单体或模块处理来平衡电池组，方式有以下几种：

- 从充电最多的单体电池中取电，为充电电流留出空间，使其他单体电池充电更加充分；
- 旁路一些或所有的充电较充分单体电池的充电电流，使得充电电流可以进一步对其他单体电池进行充电。
- 使得充裕电流对充电最少的单体电池充电。

表 3-2 比较了不使用/使用平衡措施（见 3.2.3 节），分布式充电（见 3.2.5 节）和充电再分配（见 3.2.4 节）的不同影响。

减少的电荷要么以热量的形式损耗（被动平衡）要么以传递（主动平衡）的形式消耗。

当提及调节器时，分流某单体电池的全部充电电流会受制于某些问题的影响（见 2.1.2 节），对低电量单体电池进行充电时对电子元器件的要求更加复杂。因此，在本节中，排除特殊情形，假设平衡措施已经通过热量损耗减少电荷的方式进行。

表3-2  不平衡、平衡、分布式充电以及充电再分配的比较

|  | 不 平 衡 | 平 衡 | 分布式充电 | 再 分 配 | |
|---|---|---|---|---|---|
| 方式 | 无 | 被动 | 主动 | 主动 | 主动 |
| 电流转移 | 无 | 低：10mA~1A | 中：100mA~10A | 高：1~100A | 高：1~100A |
| 电池能量利用率 | 0~90% | 约90% | 100% | | |
| 电池容量 | 随时间递减 | 最小电池容量 | 平均电池容量 | | |
| 电池组 SOC | 与单体电池 SOC 无关 | 与最低 SOC 单体电池相关 | 与所有单体电池的 SOC 相关 | | |
| 单体电池 SOC | 各种大小 | 在 100% 处均相同 | 任意时刻相同 | | |
| 作用时刻 | 无 | 首末端：充电结束时；历史 SOC：任意时刻 | 充电时 | 任意工作时刻 | |

### 3.2.3.1  均衡算法

均衡算法可以基于：

1）电压；

2）末时电压；

3）SOC 历史情况。

三种算法适用于 OCV-SOC 曲线的不同区段（见图3.12）。

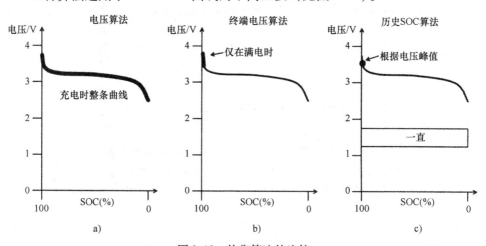

图 3.12  均衡算法的比较

a）电压  b）末时电压  c）SOC 历史情况

### 1. 基于电压法

基于电压的均衡算法最简单，但该方法也有时无法达到预期的效果。该方法

要求相同电压的单体电池具有同样的 SOC。但只有在仅关注开路电压时这才是对的，而开路电压和端电压通常不同。锂电池的 OCV-SOC 曲线中间有一段很长的平台期，使得通过电压辨识 SOC 的难度非常大。

具体算法很简单：充电时，将电荷从电压值最高的单体转移走。这种方法的问题在于，由于电池内阻引起的电压降，而导致充电时的端电压比内部电压要高，而不同单体电池的内阻不尽相同。即使所有单体电池端电压在充电期间都相同，其等效开路电压也将不同（由于内阻不同），因此导致 SOC 水平不同。

这种算法的局限性是可以克服的。如果 BMS 能获取每个单体电池的内阻值，则可以通过电流与电阻的乘积计算电压降，继而与端电压做差计算开路电压。BMS 可以分时段地停止充电，允许单体电池端电压降至开路电压，并直接测量开路电压。

然而，另一个局限性仍然存在。对于锂离子电池，除非在充电末端，否则其他区段内的开路电压对于 SOC 的指示作用十分有限。除了在高 SOC 水平或变化量大的 SOC 区域，两个不同 SOC 的单体的开路电压差值很小，因此通过这种方式判断哪个单体电池的电量更多几乎是不可行的[1]（见图 3.13）。

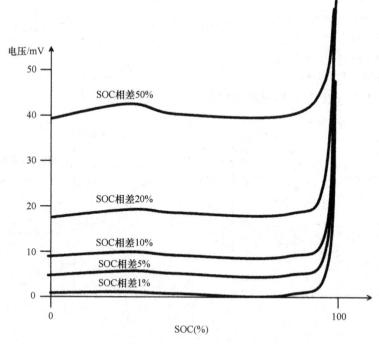

图 3.13　两个磷酸铁锂电池的 OCV-SOC 曲线的差别

2. 基于末时电压法

基于末时电压的均衡方法是最常用的算法。算法运行效果良好但是比较耗费时间。该方法与上述基于电压的方法类似，不同的是该方法不是工作于全过程，而是只工作在充电末期（在顶端）（见图3.14）。

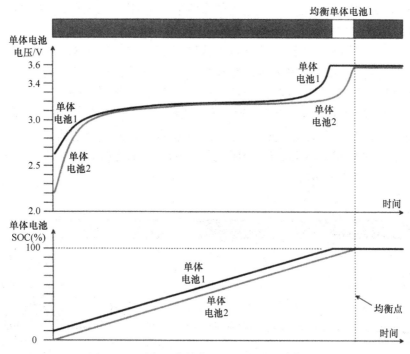

图 3.14   平衡两个单体电池的末时电压算法

该算法为：当某单体电池电压超过门槛值时减少其能量（例如磷酸铁锂电池的门槛值为 3.4V）。

稍后将分析如何均衡中间段和结尾段而不是开始段。假设均衡都发生于开始段（在结尾段和开始段都进行均衡是不可能的，因为现实中单体电池的容量不同，它们无法在100%和0 SOC都处于平衡状态）。

这种方式的优势在于能够避免电压-SOC 曲线中段的平台期，在平台期内电压无法作为辨识 SOC 的参数，而在充电末端电压对 SOC 的影响较为显著。当一节锂电池单体接近满充状态时，其电压急剧上升。每 100mV 电压对应于 1% ~ 3% 的 SOC 水平变化。因此，如果所有单体都在 100mV 以内，那么 SOC 也在 1%~3%。这就是均衡措施适用于那个区间的原因所在。

末时电压算法的问题在于当单体电池电压很高时，留给启动均衡措施的时间不多。例如，电动汽车每天只有 2h 的充电时间，留给均衡措施的时间只是充电末尾的 10min。解决此问题的方法是通过采用大电流进行均衡以缩短操作时间。

末时电压算法的另一个问题是每个单体电池的端电压都比开路电压高，这是由于内阻产生的电压降。所以，该方法由于是令内阻最高的单体电池放电，而不是 SOC 水平最高的单体电池放电而可能造成适得其反，从而增加了不平衡度。

以下几种方案可以解决其局限性：

● 如果 BMS 掌握每个单体电池的电阻信息，则可以计算其开路电压（计算 IR 电压降），继而估算 SOC。

● BMS 在均衡时可以停止充电，这样将不再存在由于单体内阻不同而引起的 IR 电压降所导致的误差，而只需考虑单体自身电压。

● BMS 可以控制充电器减少充电电流，以减小这些误差。

● BMS 能够每几分钟开/关充电器（见图 3.15），代价则是短时全额充电电流穿插了长时间的零电流，使得均衡措施不受这些误差影响［例如，10A 充电电流，占空比为 1∶100（例如打开 10s，关闭 1000s）平均值为 100mA，99% 的时间都处于无误差的平衡中］。

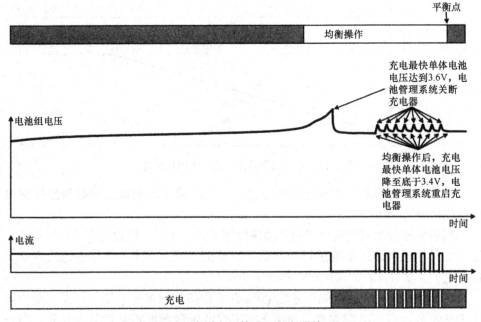

图 3.15　末时电压算法，充电器关/开

3. 基于 SOC 历史情况

这是最复杂的平滑算法。其效果较好，但需要借助计算机系统，因为它需要知道每个单体电池的 SOC 历史数据，继而计算每个单体电池的平衡时间需要多长。

在充电末期，BMS 获知每个单体电池的 SOC（依据开路电压）。获得标称容量后，BMS 将每个单体电池的 SOC 换算为 DOD。

$$DOD[A \cdot h] = Capacity[A \cdot h] \times (1 - SOC[\%]/100\%)$$

对于每个单体电池，BMS 都将计算其充电期间相对于充电量最少单体电池的差值。已知均衡电流大小，BMS 可以计算均衡电流移去每个单体电池差值电量所需要的时长。

$$\text{Balance Time[h]} = \text{Delta Charge[A·h]}/\text{Balance Current[A]}$$

接下来，在下一个充放电循环，BMS 对每个单体都施加均衡放电电流（而不是仅仅对充电最少的单体电池），在确切时间内可以对特定单体电池进行放电。均衡结束时，每个单体电池的 DOD（以 A·h 计）将会相同，因此，一旦充电结束，所有单体电池的 SOC 都将达到 100%（见图 3.16）。

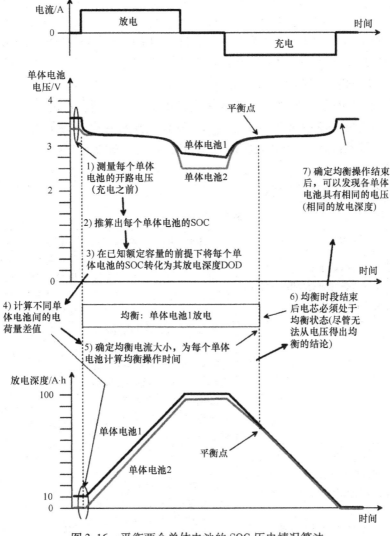

图 3.16　平衡两个单体电池的 SOC 历史情况算法

相较于前面的两种方法，该方法具有所有优点，几乎没有局限性。基于保证所有时段都能平衡，在给定均衡电流的情况下，这种方法比末时电压法计算速度快。反之，在给定最大平衡时间时，可以以较小的均衡电流运行。较之于末时电压法，这种方法可以提升平均均衡电流，经验值是 1~5 倍。除此之外，BMS 的硬件需承受更大的均衡电流。

以每天行驶 4h，夜间充电 12h（充电 8h，末端电压法均衡 4h）的电动汽车为例。假设 BMS 能够以 100mA 进行均衡。而后，平衡电流变为 100mA/（4h/24h）=17mA。如果电池需要 10mA 的平均均衡电流，BMS 将会维持电池平衡。然而，如果电池需要 50mA 的平均均衡电流，BMS 将达不到要求。一种提高均衡电流的方式是提高 BMS 的最大允许电流（例如，100mA 提高至 1A）。另一种方式是提高平衡的允许时间。如果 BMS 使用 SOC 历史情况算法来获得单体需要平衡的时间，则可以在任意时段对其进行平衡（概算例中是 16h），平均值是 100mA/（16h/24h）=67mA，这个数值是足够的。

正如之前介绍的均衡算法，此算法也受由单体电压所估计的 SOC 的精度影响。此算法的最佳条件是在电压设定后，单体电压在无电流时可测（为避免单体内阻所导致的误差），电压稳定后，脱离电压-SOC 曲线的中间平台期。

4. 算法对比

表 3-3 对比了三种均衡算法。

表 3-3　均衡算法比较

|  | 基于电压的均衡 | 基于末时电压的均衡 | 基于历史 SOC 的均衡 |
|---|---|---|---|
| 均衡准则 | 无论 SOC 如何，在充电各个阶段都保持均衡操作。尽量匹配电池的电压 | 在高 SOC 处进行均衡。尽量匹配电池的电压 | 始终保持均衡操作。根据单体电池的历史 SOC 尽量匹配各单体电池的 DOD |
| 优点 | 简单 | 在高 SOC 处，单体电池的电压变化得比较快，因此此时能够得到更准确的 SOC 数据。在充电期间，可以通过减小电流从而降低电池内部的 IR 电压降；或者直接关断充电器，从而保证单体电池的阻抗在较低水平之下 | BMS 的均衡电流较低，均衡操作可以在较少的几个循环中完成，并且均衡操作可以在任意时刻进行。电池的内阻对均衡操作几乎没有影响 |
| 缺点 | 应用单体电池电压表征电芯的 SOC 效率较低，因为在中等 SOC 处单体电池电压和 SOC 呈现出非线性<br>受单体电池内阻影响较为严重，因为收到充电电流的影响，均衡操作大多时候工作在终端电压高于开路电压的条件下 | 仅在高 SOC 条件下进行均衡意味着均衡时间很少——电池满充和开始放电之间的时间。因此，电池管理系统必须在高电流条件下进行均衡操作 | 需要更多的功率计算单元以及更多的存储空间储存每个单体电池的历史 SOC |

（1）顶部-中间均衡的比较可

电池在任何 SOC 下都可以均衡（详见 1.4.2 节）。目前为止本书均假定电池在顶部（100% SOC）处已经得到平衡。顶部均衡非常适用于储能的电池组，然而并非所有电池组都是用于储能的。

有些电池组充当电源使用，例如 HEVs，或者转移功率短时剧烈波动的场景（例如忽然的大功率，短时后暂停）。这些电池组的 SOC 保持在 50% 左右，永远不会到达底部或顶部。一旦在制造时均衡，这些电池组将不再需要均衡，因为单体电池电压泄露所导致的电池组容量减少在电池组的使用过程中可以忽略不计。如果功率电池组是均衡的，则不必通过充电进行顶部均衡，或者将在 50% SOC 附近进行均衡。

均衡电池组功率存在一定难度。以混合电动车的动力电池组为例，以两种情况说明。第一种是使用标准 BMS，采用基于 SOC 历史情况的均衡方法，混合电动车的车辆控制单元（VCU）负责控制程序的进程。第二种使用高精度 BMS，可以在 OCV-SOC 曲线中间的平台期测量单体 SOC。

第一种情况是在顶端均衡，因为 BMS 知道如何处理。现在需要一个驾驶者熟知的可以将混合动力车动力电池组充电到 100% SOC 的方式。当动力电池组充满，再生制动已经不可能，因此控制变得困难。顶端均衡具有的优势在于混合动力车可以同时校准 DOD。

一个有效的均衡策略是在自由高速公路的长行程中对电池组进行平衡。HEV 的 VCU 会发现汽车已经行驶超过 50mile⊖，因此默认 HEV 行驶在高速公路上，继而启动均衡措施（见图 3.17），包含以下步骤：

1）从发动机使用更多能量为动力电池组充电（英里数减少），直到单体电池充满。

2）将电池组 DOD 清零并进行校准。

3）停止电池电流 10～30min（确定单体电池电压）。

4）测量单体电压（OCV），换算为 SOC，再换算为 DOD，进而换算充电差值。

5）从发动机取用更少能量，直到 SOC 降至 50%（英里数增加）。

6）恢复混合动力车至额定运行状态。

7）基于 SOC 历史情况均衡算法在 50% SOC 时均衡电池组。

值得注意的是，理论上单体电池应该从满充到满放状态进行分级以使 BMS 可以测量容量，将 DOD 换算为 50% SOC。而事实上，单体电池容量的变化对其有一定影响。

---

⊖　1mile = 1609.344m，后同。

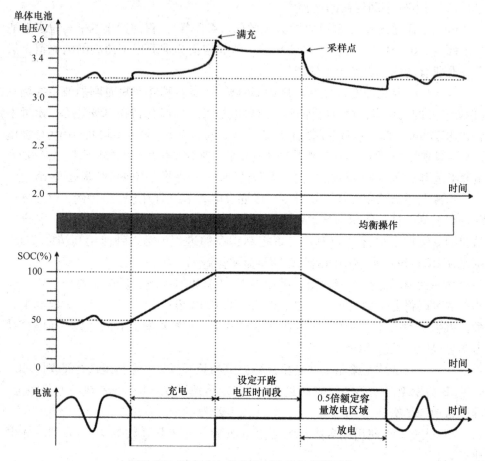

图 3.17　混合动力车动力电池组的顶端平衡

　　如果 BMS 不能基于 SOC 历史情况进行均衡，那么必须进行顶部均衡（见前面所列的第 4 条）。混合动力车将在电量不在 50% 时使时间最小化，以使驾驶者少受程序的影响，即 BMS 将采用高水平均衡电流进行紧急均衡。

　　第二种方法是在 1mV 级 OCV-SOC 曲线中间段使用一种其精度足以估计单体 SOC 的 BMS，然后，BMS 可能在没有任何显著电量的相当长的时期内进行等待（例如，停止、等待火车通过），对单体电池进行高精度测量，将其换算为 SOC，而后通过 SOC 历史情况均衡算法在 50% 水平进行单体均衡（见图 3.18）。

　　（2）顶部和末端均衡的比较

　　末端均衡电池组的方法通常应用于 BMS 不负责保护单体电池充电不足的场景（BMS 只负责确保护单体电池不要过充）。如果所有单体电池在满放状态时已均衡良好，其当时的电压下限值也相同。那么，监控电池组的电压足以检测电池

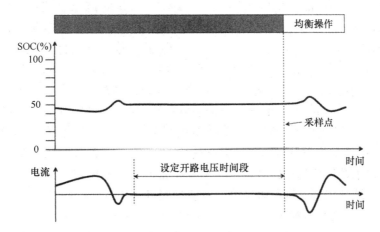

图 3.18　高精度 BMS 的混合动力车动力电池组的中间平衡

组是否满放，并实现在完全放完电之前将负载切断。由于末端均衡方法容易出现单体电池过充，所以 BMS 仍需监测每一节单体电池以确保排除过充。过充比深放更容易发生，电池深放易导致电池报废，而电池过充将导致着火。

电池专家们已达成末端均衡毫无意义的共识。但也有一小部分人提出异议认为顶端均衡⊖是无益的[2]，下面列举了顶端均衡较之于末端均衡的优势所在：

1）顶端均衡使电池储存更多能量。因为单体电池电压随 SOC 降低（锂离子系比其他化学材料系多），在顶端均衡比在末端均衡时电池存储的能量更多。另一种说法即是能量密度随 SOC 减少，因此最好在单体电池满充时进行均衡（此时能量密度更高）以便结束时使得所有单体电池都完全放完电（此时能量密度更低）。

举一个简单的例子，两个锂离子单体电池串联，一个容量为 10A·h，一个容量为 7A·h。当顶端均衡后，一个单体电池存储了 $4.2V \times 10A \cdot h = 42W \cdot h$

---

⊖　Jack Rickard 称电路均衡为一个危险的火灾隐患，增加了不必要的费用。曾经有一段时间他采用过末端均衡。他认为（正确），在顶端均衡而不是在末端均衡的原因就是容量的差异。当电池组放空，最低容量的单体电池先退出，而后被过低的电压或者一个反向电压损坏。因此他得出结论（不正确），均衡是单体电池损坏的原因。而实际上真正的原因是，他没有使用 BMS 监测低电压单体电池，而是依靠监控整个电池组电压去判断何时停止操作。当末端均衡允许在不用 BMS 的情况下防止单体电池过放时，他加大了电池组单体电池的过充程度，这十分危险。正如我们所了解的（见 1.2.5 节），监测串联长串电池的整体电压对于单体电池电压的判断是无用的。如果他采用顶部均衡而不是末端均衡，也许在操作时就能够防止损害电池单体电池（电池组电压过低时停止）。然而，单体电池损害将会在采用 CCCV 充电方式时发生（见 1.2.5 节），这将会更糟：单体电池过放更易导致电池报废，而过充则易导致着火。

的能量，另一个存储了 $4.2V \times 7A \cdot h = 29.4W \cdot h$ 的能量，共计 $42W \cdot h + 29.4W \cdot h = 71.4W \cdot h$。从电池取走 $7A \cdot h$ 后，第一个单体电池仍然存储了 $3.7V \times (10-7) A \cdot h = 11.1W \cdot h$（不能使用），第二个单体电池放掉 $0W \cdot h$ 的电量。因此，可用的储存电量是 $71.4W \cdot h - 11.1W \cdot h = 60.3W \cdot h$。

再看末端均衡。当末端均衡后，单体电池都已经放空，能量为 $0W \cdot h$。对电池注入 $7A \cdot h$ 能量后，第一个单体电池存储了 $3.7V \times 7A \cdot h = 25.9W \cdot h$（剩余的 $3A \cdot h$ 不可使用），第二个单体电池已经满充，存储了 $4.2V \times 7A \cdot h = 29.4W \cdot h$ 的能量。因此可用的储存电量是 $25.9W \cdot h + 29.4W \cdot h = 54.8W \cdot h$。

可见，末端均衡的方式必顶端均衡少存储近10%的能量。

因此，顶部均衡有利于电池储存更多的能量。

2）顶部均衡使负载运行更加持久。在具有大功率负载的应用场景（多数情况如此）下，其本质是电池电阻尽可能小且可持续时间尽可能长。在放电期间，单体电池电阻比100%SOC时要小，直到荷电状态接近放空。

末端均衡的电池中，在临近放电结束时所有单体电池电阻同时增加，伴随着所有单体电池电压同时跌落，从而导致电池组电阻的大幅增加和电池组电压的瞬间跌落。任一种现象都会影响电池组对负载进行满功率供电。如果两种现象同时发生，则影响更大。

采用顶端均衡的电池在接近满充状态时，只有少量单体电池出现高电阻和低电压。整个电池组的电阻和电压受这些单体电池的影响很小，这使得电池组接近充电结束前都可以对负载进行满功率供电。所以说，顶端均衡能够延长满功率供电大功率负载的时间。

3）只有顶端均衡可以用于 Thundersky 电池。特定的电池材料（例如，Thundersky 电池）要求每个单体电池都能规律地达到最高电压以维护内部的化学平衡（不要与电池均衡混淆）并使电池寿命最大化。因此，对于这类电池而言，顶端均衡是唯一选择。

4）顶端均衡更加精准。假设放电电流比充电电流大（多数情况如此），则由于 IR 电压降产生的单体电池端电压偏差在充电时会更小。

5）顶端均衡使得电池组充电的利用最大化。CCCV 充电模式可以确保顶端均衡电池组内的单体实现满充，分为以下三个阶段：

① 恒流方式充至某个单体电池满充。

② 当所有单体电池处于顶端均衡时进行开起/关闭。

③ 恒压充电方式下，电流逐渐减小直至所有单体电池实现满充（见6.2.3节）。

作者不相信任何设备可以在末端结尾时能做到类似的功能。如果存在这种设备，将是某种形式的恒流/恒压负载，能够以恒定电流对电池组放电，直到电压跌至某一特定水平，同时在此处减少电流消耗以维持该点电压，直到电流达到低阈值。很少有负载在这些情况下可以有效工作，因此，只有顶端均衡可以充分利用电池电荷。

6）顶端充电与外部散装电池可以兼容使用。前两点假设的前提是末端均衡在放电末尾时进行。但这并不是唯一的选择，末端均衡也可以在充电开始时进行。充电时，从已放空的电池状态开始，BMS 会在还存有一些电荷的单体电池之间启动负载均衡，使它们慢放。那时，电池组将进行末端均衡，BMS 再启动充电装置。

末端均衡可能花费数小时，从系统进行充电开始（例如，当电动车采用墙插充电时）。几小时后，当电池组再次被请求时，将仍然保持平衡状态，这意味着，此时将比充电开始时的电荷量更少。因此，充电之前的末端均衡不宜在电池组随时需要应用时启用。

7）考虑到"可以开回家"特性，BMS 采用顶端充电更灵活。BMS 将在任意单体电池出现电量很低时停止放电。然而，在某些应用场景下 BMS 将被改写（于是即使在有些单体电池出现损坏隐患时电动车仍然可以开回家）。在顶端均衡的电池组中，只有少量电池单体电池处于危险状态，但是末端均衡电池组中每个单体电池几乎都处于危险状态。因此，在一些需要改写 BMS 的紧急状况下，顶端均衡的表现更好。

### 3.2.3.2　均衡电流要求

100mA 的电流用于均衡锂离子电池组是否充裕？那么 1A 呢？10A 呢？答案与以下工作有关：

- 总体均衡，为了均衡制造中或者带有不太匹配 SOC 的维修单体电池的电池组。
- 维护均衡，为了保持电池组的均衡。

电池组在开始即应该能够均衡，这样一来 BMS 就不必提供内部的总体平衡。这一点通过以下两点即可实现：

- 制造之前的均衡：从满充的单体电池开始。
- 制造之后的均衡：当电池组开放时，利用电源充满每一个单体电池的渠道。

那样电池组开始均衡，并且所有 BMS 需要做的就是保持均衡（维护均衡）。如果电池组已经制造出来或者已经修好，并且未考虑单体电池的 SOC，BMS 将不得不做总体均衡。

1. 总体均衡

如果 BMS 在合理的时间内可以对大电池组进行总体均衡，它将使用相对较高的均衡电流（见图 3.19）。对完全失去平衡的电池组进行总体均衡的最长时间取决于其容量，以及 BMS 能够提供的均衡电流，即

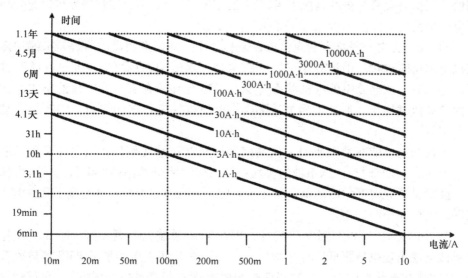

图 3.19　进行总体均衡的时间要求以及不同尺寸电池组下的均衡电流

总体均衡时间 = 电池组容量/均衡电流

从图 3.19 可以看出：

● 具有 1A 均衡电流的 BMS 将会需要接近 1 周的时间来均衡一个 100A·h 的完全不平衡的电池组。

● 10mA 的平衡电流将不能在 BMS 的使用寿命内完成平衡 1000A·h 电池组的工作。

● 相反地，10A 的平衡电流对于 1A·h 电池组的平衡是非常充裕的，在 6min 内即可完成。

2. 维护均衡

如果电池开始均衡，保持平衡状态比总体均衡要简单得多。所需要的就是补偿在单体电池中的泄漏（自放电）。例如，如果所有单体电池的漏电流程度都相同，那么则无须均衡。所有单体电池的 SOC 在同一时刻相同，电池将保持平衡。

如果所有单体电池的泄漏程度都相同，除了一个单体电池的漏电流小于 1mA，那么这个 BMS 将不得不以 1mA 的平均电流放电以弥补泄漏的差别（或者，为其他单体加上 1mA）。

在上述例子中，平均均衡电流是 1mA。如果 BMS 能够不间断地进行均衡，那么 1mA 即是平衡电流。然而，在许多情况下，BMS 只是在部分时间开启（自放电一直存在）。在这些情况下，均衡电流必须加大，并与所需均衡时间成反比。例如，如果 BMS 每天只能均衡 1h，均衡电流必须是 24mA，以达到 1mA 的平均值。

当然，如果 BMS 能够达到更高的均衡电流也是可以的。如果这样，BMS 将有两种方式达到要求的均衡电流：

1）减小均衡电流以达到要求水平。

2）在一个占空比内开启/关闭均衡电流，以使平均值达到要求水平。

因此，维护均衡所需电流与漏电流的差异成一定比例，也和所需均衡时间成比例，即

$$均衡电流 = (最大漏电流 - 最小漏电流)/均衡时间比例$$

通常，锂电池单体电池制造商不会说明漏电流，也很少会说明在室温条件下单体电池能保持多久的容量。这个值是随储存年限变化的。依据该数值，可以估算漏电流。

$$漏电流 = 容量/存储时间$$

假设自放电时间是 4 年，则有

$$漏电流 = 0.03 \times 容量$$

据此，能够划分不同尺寸的电池所需均衡电流（见图 3.20）。

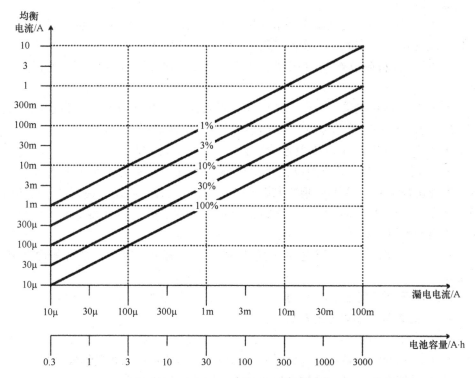

图 3.20　所需均衡电流与不同时间下用于均衡的漏电流差值曲线

图 3.20 说明 100mA 的均衡电流可以满足以下电池：

- 3000A·h 电池，如果 BMS 能够平衡 24/7（例如备用电源用）。
- 300A·h 电池，如果 BMS 能够平衡 10% 的时间（例如电动汽车用）。
- 30A·h 电池，如果 BMS 能够平衡 1% 的时间。

对于锂离子电池来说，在额定运行状态下需要多大的均衡电流？作者的研究表明：

- 电流水平的要求比猜测值更小；
- 10mA 电流对于小的备用电源应用场景（10kW·h）来说是充裕的，100mA 电流则适合用于更大规模的备用电源场景（100kW·h）。
- 100mA 电流足够适用于任何汽车应用场景（10kW·h，夜间充电）；
- 1A 电流可满足于大规模电池应用场景，但不包括后备电源应用（大于100kW·h 且每天循环的情况）。

3. 结论

对均衡的讨论总结如下：

- 均衡补偿是针对单体电池 SOC，而不是容量的不平衡（容量补偿属于再平衡范畴的工作）。
- 对于平衡的电池可以支持最大限度的充电，只受到单体电池的最小容量限制（或者在一些极端的情况下，受限于最高单体电池电阻）。
- 电池在制造阶段就应该注意均衡问题，如此不再需要 BMS 进行整体平衡。
- 如果电池在制造厂内已经过均衡，那么 BMS 只需要在正常运行期间提供充裕的均衡电流来补偿单体电池间不同的自放电电流即可。
- 没有理由指定 BMS 在更糟的情况下提供更大的均衡电流。
- 制定 BMS 为不平衡的电池提供整体平衡是不经济的也是没有工程意义的，因为这种情形在寿命周期内只出现一次。如此设计，相比于在其寿命周期内99% 情况下出于对电池进行预平衡的工作状态而言，BMS 将变得更昂贵，更笨重，并会产生更多热量。
- 对于大部分锂离子电池应用而言，BMS 提供 100mA 的均衡电流已足够。

使用基于 SOC 历史情况的均衡算法将增加 BMS 的均衡容量 2~5 倍。

### 3.2.3.3　主动与被动均衡的对比

均衡包括以下两种：

- 被动均衡：能量从充电相对最满的单体电池移走，以散热形式消耗。
- 主动均衡：能量在单体电池间传递，因此不造成浪费。

被动均衡的劣势在于：

- 浪费能量，消耗成本。

- 高均衡电流水平，能量转换为热并造成损耗，影响电池组的运行。

初步判断，主动平衡更好因其不浪费能量。而事实上主动平衡也有如下缺点：

- 比被动均衡所需的部件更多，成本较高，可靠性稍差，占用空间更多。
- 在热备用期间造成的能量损失可能比进行等效均衡耗费的能量更多。

在某些应用场景下比较主动和被动均衡是有意义的。表 3-4 列举了这些分析的假设前提，表 3-5 比较了某些典型应用场景下基于这些假设的主动和被动均衡的区别。

**表 3-4　主动与被动平衡关于假设前提的比较**

| 方　　法 | 假 设 前 提 |
| --- | --- |
| 共同点 | 充电时单体电池电压：4V |
| | 12 个月中最差单体电池的自放电时间，以及 18 个月中最好单体电池的自放电时间。对于 100A·h 的单体电池来说，最差的单体电池自放电电流为 12mA，最好单体电池的自放电电流为 8mA，两者相差 4mA |
| | 也就是说 BMS 必须为每个单体电池输送 4mA 的均衡电流，如果是平衡 24/7 的电池，那么 4mA 就足够了。但是如果只有 10% 的时间可用于均衡，那么 BMS 则需要提供平均 40mA 的电流 |
| | 不平衡：半数单体电池（也就是说一半的单体电池具有低漏电特性，因此需要放掉更多的电量以平衡于具有高漏电特性的单体电池） |
| | 仅维持平衡（非总量平衡） |
| 被动均衡 | 每个单体电池 1 美元 |
| | 100mA 的均衡电流（0.4W） |
| | 0mW 备用电源 |
| | 浪费能源时效率为 0 |
| 主动均衡 | 每个单体电池 10 美元 |
| | 3A 均衡电流（12W） |
| | 50mW 备用电源 |
| | 传递能量时效率为 70% |

注：在主动均衡的假设条件中，无论均衡器何时工作、是否真正的传输能量，其消耗的功率都非常小。这种现象适用于大部分主动均衡器，但并非所有的主动均衡器都是如此。

**表 3-5　主动与被动均衡关于应用场景的比较**

| 应 用 场 景 | 被 动 均 衡 | 主 动 均 衡 |
| --- | --- | --- |
| 不间断电源： | | |
| 100A·h（漏电流差为 4mA） | 均衡占用时间比：4% | 均衡占用时间比：0.1% |
| 15 个单体电池串联 | 热功率损耗：0.1W | 热功率损耗：0.8W |
| 通常处于闲置状态 | 成本：15 美元 | 成本：150 美元 |

（续）

| 应 用 场 景 | 被 动 均 衡 | 主 动 均 衡 |
|---|---|---|
| 分布式电源：<br>1000A·h（漏电电流差为 4mA）<br>300 个单体电池串联<br>通常处于电源连接状态 | 均衡占用时间比：40%<br>热功率损耗：24W<br>成本：300 美元 | 均衡占用时间比：1.3%<br>热功率损耗：22W<br>成本：3000 美元 |
| 电动汽车与插电式混合动力汽车：<br>100A·h（漏电电流差为 4mA）<br>100 个单体电池串联<br>日常充电为 12h，8h 充电/4h 均衡 | 均衡占用时间比：24%<br>热功率损耗：0.8W<br>成本：100 美元 | 均衡占用时间比：0.8%<br>热功率损耗：2.7W<br>成本：1000 美元 |
| 公共电动汽车：<br>1000A·h（漏电电流差为 40mA）<br>100 单体电池串联<br>每充电 4h，需要静置 30min | 均衡占用时间比：大于 100%<br>热功率损耗：8W<br>成本：100 美元 | 均衡占用时间比：100%<br>热功率损耗：3W<br>成本：1000 美元 |
| 混合动力汽车：<br>10A·h（漏电电流差为 0.4mA）<br>100 单体电池串联<br>行驶中有一半时间在充电 SOC<br>保持在大于 50% 加减 20% 之间<br>每周在 100% SOC 处均衡一次 | 均衡占用时间比：大于 100%<br>热功率损耗：0.08W<br>成本：100 美元 | 均衡占用时间比：0.8%<br>热功率损耗：0.44W<br>成本：1000 美元 |
| 电动自行车<br>10A·h（漏电电流差为 0.4mA）<br>10 单体电池串联<br>夜间充电 SOC 保持在大于 50%<br>加减 20% 之间每周在 100% SOC<br>处进行 10min 均衡 | 均衡占用时间比：2.4%<br>热功率损耗：0.01W<br>成本：10 美元 | 均衡占用时间比：0.1%<br>热功率损耗：0.25W<br>成本：100 美元 |

注：有些均衡措施所占用的时间比例大于 100%（这是不可能的）。此时末端电压法将会失效，采取历史 SOC 法进行均衡。

这些例子可以用来比较两种方法下的热损耗，如图 3.21 所示。

在低电流被动均衡费时过长或出现由于高电流被动均衡生热而出现问题的场景下需要主动均衡。

表 3-6 列举了需要主动均衡的应用场景。除此之位，被动均衡也许更加适用。

一些 BMS 采用片上被动均衡，受限于小均衡电流（20mA/单体电池），这是 IC 芯片热损耗的限制。因此，芯片制造商（特别是 Texas Instruments）乐于采取主动均衡作为克服片上被动均衡限制的措施。

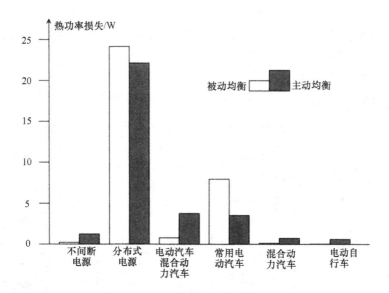

图 3.21  以热损耗浪费的功率，不同场景下的主动与被动平衡

**表 3-6  需要主动均衡的应用场景**

| 应 用 场 景 | 原 因 |
| --- | --- |
| 应用不匹配 SOC 单体电池搭建的大规模电池组，或者在未考虑 SOC 水平更换了单体电池的电池组中 | 需要采用整体均衡措施 |
| 必须在短时间内完成充电的电池组 | 均衡时间较短，因此需要大均衡电流 |
| 必须绝对高效的中到大规模电池组 | 不可以以热能形式浪费能量 |
| 处于高温工作环境的大规模电池组 | 单体电池自放电电流过高 |

综上所述，得到了以下结论：

• 维持锂离子电池组均衡的功率通常很小，其典型取值依据每个串联单体电池从 0.1 ~ 10W 的顺序。因此，大多数情况下，选用被动均衡还是主动均衡纯粹是学术问题。

• 功率应用场景下较明显（大于 10W/单体电池）的是，被动均衡和主动均衡创造了同等多的热损耗（源于主动均衡回路的热备用电源）。

• 一般情况下，主动均衡的成本显著较高并高于任何能量节能参数，尤其是当这些节省是微乎其微时。

• 支持主动均衡的理由不是由于效率，而是其可以在短时均衡的应用场景下快速转移电荷，否则将需要整体均衡。

• 相对于被动均衡来说，使用片上电阻器的主动均衡是更好的选择（该方法受限于 IC 运行温度，数十毫安级）。

● 无论均衡方式是主动还是被动，基于 SOC 历史情况的算法将增加均衡硬件的有效性（典型参数是 2 ~ 5 倍）。

### 3.2.3.4 主动均衡技术

主动均衡技术包括 4 种类型（见图 3.22），具体如下：

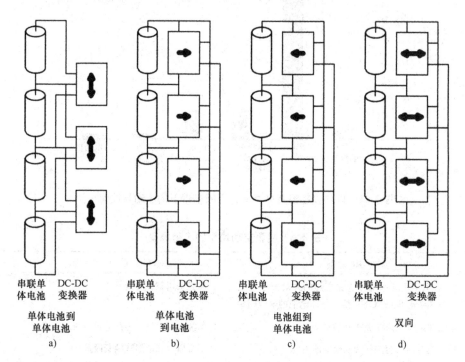

图 3.22 主动均衡技术

a）单体电池对单体电池　b）单体电池对电池　c）电池组对单体电池　d）双向

● 单体电池对单体电池：能量在单体电池间传递。

● 单体电池对电池组：能量从充电程度最高的单体电池传向整个电池组。

● 电池组对单体电池：能量从整个电池组传向充电程度最低的单体电池。

● 双向：单体电池对电池组或电池组对单体电池均可，依据需求提供。

4 种技术（见表3-7）的比较表明：

● 单体电池对单体电池适用于小容量电池。

● 单体电池对电池组最简单，且效率最高。

● 电池组对单体电池在使用 $N$ 个单体电池、$N$ 个输出的充电器时性能最好。

● 双向在再分配时的性能最好（见 3.2.4 节）。

表 3-7　主动均衡算法比较

| | 单体电池到单体电池 | 单体电池到电池组 | 电池组到单体电池 | 双向 |
|---|---|---|---|---|
| DC-DC 转换器类型 | 非隔离低压-低压型变换器 | 低压-高压型变换器 | 高压-低压（或带有 $N$ 个接口的 $1:N$ 型变换器） | 双向变换器 |
| 含 $N$ 节单体电池的电池组所需的转换器个数 | $N-1$ | $N$ | $N$ | $N$ |
| 方向和操作 | 当某单体电池的电压高于其相邻单体电池时，高电压单体电池向低电压单体电池供电 | 当某单体电池中电荷量较多时，由该单体电池向电池供电 | 当某单体电池内部电荷量较少时，由电池向该单体电池供电 | 当多电荷单体电池占多数时，由其进行均衡操作，或者由电池进行均衡操作。当少电荷单体电池占多数时，这些单体电池接收能量，或者直接向电池充电 |
| 优点 | 应用的变换器较少；效率高（每个变换器的效率可以达到 90%）；变换器简单且经济；变换器间均通过低压连接 | 更高效：高压输出整流器；简单：低压晶体管，与单体电池电子元器件相同受到低压侧控制；当一些单体电池容量较低时性能优良，因为大部分的变换器仍能正常工作 | 当大部分单体电池处于低容量时最高效：因为大多数变换器处于工作状态；可以应用 $1:N$ 型高功率等级 DC-DC 变换器 | 无论大部分单体电池处于高容量状态或是低容量状态本方法都较为高效；最适合再分配的算法：能量能够双向流动 |
| 缺点 | 线路过多；电池组开路将暂停两个变换器；均衡时间更长；能量需要通过两个变换器才能传输到目标单体电池；整体效率低：每个环节均有能量损失 | 效率不高（80% 左右） | 需使用高压晶闸管，需要在单体电池侧与高压侧的驱动晶闸管中设置隔离电路；由低压整流器导致的低效率（70% 左右）；对高内阻的单体电池进行并行充电较难 | 最复杂：末端均具有开关电路；由低压整流器导致的低效率（70% 左右）；对高内阻的单体电池进行并行充电较难 |

### 3.2.4 再分配

再分配是一种在电池内部打乱并重新分配能量的技术，通过这种方式能量可以被充分利用如图 3.23 所示。放电时，新增的能量取自容量最高的单体电池，那么容量最低的单体电池不再是电池容量的短板。再分配的影响就是电池 SOC 以及每个单体电池的 SOC 总是相等。在放电期间，所有单体电池开始于 100% SOC，结束于 0 SOC。

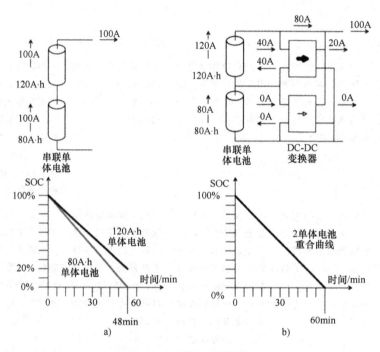

图 3.23　两个电池单体电池

a）没有再分配　b）具有再分配单体电池中的电荷得到充分利用

举一个简单的例子，例如一个具有两节单体电池的电池组。其中一个单体电池的容量相对高 20%，另一个单体电池的容量则低 20%。如不进行再分配，电池组的整体容量受限于第二个单体电池，因此电池仅能放电 48min（见图 3.23a）。如采取了再分配策略，可以将第一个单体电池中多余的能量转移到第二个单体电池中，此时整个电池组可以持续放电 60min（见图 3.23b）。由较大电池供电的 DC-DC 转换器将电池电压变换为整个电池的电压，而那些由小电池供电的 DC-DC 变换器则被关闭。

#### 3.2.4.1 均衡与再分配的比较

再分配与主动均衡相似，但在 DC-DC 转换器必须处理更大的功率时除外，并且再分配算法相比之下也比较复杂。其对比分析见表 3-8。

表 3-8　再分配与均衡的比较

| | 均　　衡 | 再　分　配 |
|---|---|---|
| 电池能量利用率 | 约为 90% | 100% |
| 电池容量 | 等于容量最小单体电池容量 | 等于平均单体电池容量 |
| 电池组 SOC | 等于容量最小单体电池 SOC | 与所有单体电池的 SOC 相等 |
| 单体 SOC | 在 100% SOC 时，所有单体电池均具有相同的 SOC | 所有单体电池始终具有相同的 SOC |
| 方法 | 主动或被动 | 只能采取主动方式 |
| | 电池均衡后将不再存在能量的传输 | 在使用中、每个循环中都存在着大量的能量传输 |
| 电流 | 低：10mA ~ 1A | 高：10 ~ 100A |

### 3.2.4.2　转换功率

大功率 DC-DC 转换器需要进行再平衡。笼统地说，每个转换器的功率要求为

功率 = 平均负载功率 × 单体电池容量变化值/串联单体数量

事先已知每节单体电池容量，每个转换器按照需要时间运行（与充电或放电的整体时间相同）。

例如，对于 10kW 负载来说，+0/ − 10% 的单体电池容量，100 个单体电池串联，则有

$$P = 10kW × 10\% / 100 = 10W$$

在此算例中，开始时很难相信 10W 的 DC-DC 转换器能够支撑 10kW 的负载供电，直到注意以下几点：

- 有 100 个转换器，能够一起转移 990W 的能量（最少关闭一个转换器）。
- 转换器能够在放电期间连续工作，并只转换 10% 的充电量，增益是 10:1。

因此，总功率是 10 × 990W = 9.9kW。

### 3.2.4.3　再分配与增加单体电池

尽管再分配的技术优势很明显，但在某些情况下，通过成本分析可以看出给电池增加单体电池要比进行再分配还要经济。

假设：

- DC-DC 转换器花费 1 美元/W。
- 单体花费 0.3 美元/W·h。

继而，如果电池组在 20min 内对负载放电，那么给电池组增加单体电池数量

要比进行再分配经济，如图3.24所示。

#### 3.2.4.4 结论

总的来说：

● 再分配使得电池内的能量可以充分利用。

● 典型应用场景下，DC-DC转换器的所需功率是负载功率的1/1000。

● 如果电池组在20min内对负载放电，那么给电池增加单体电池数量要比进行再分配便宜。

### 3.2.5 分布式充电

分布式充电是充电方式的一种，并不是BMS的一种，而之所以还在本书中进行讨论是因为对于BMS平衡功能来说这是一个很好的选择（见3.2.3节）。不同于使用单独、大体积的充电器（见图3.25a）以及具有平衡功能的BMS，它可以使用一些小的充电器，每个单体电池一个

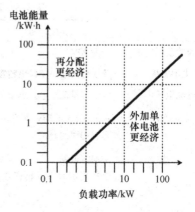

图3.24 再分配与外加单体电池比较：对于更小的电池和大功率的情况下，增加单体电池更加便宜

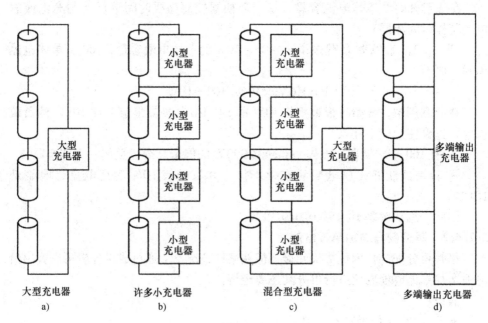

图 3.25

a）大型充电器 b）许多小充电器 c）混合型充电器 d）多端输出充电器

（见图 3.25b）。每个充电器都会把自己负责的单体电池充满。这个方式将在根本上保证顶端平衡的电池组避免过充的危险。

分布式充电的一个较容易被忽略的缺点是电池组中具有较高电阻的单体电池充电比较困难。这与大充电器不同，大充电器中的单体电池所接受的电流都是相同的，并联充电时电压相同。而具有高电阻的单体电池在同等电压下获得的电流少，所用的充电时间更长。

或者可以使用混充模式，即一个大充电器加上每个单体电池一个的充电器（见图 3.25c）。大充电器承担大部分任务，低功率充电器只给单体电池充一部分的电荷以完成充电和平衡单体电池。这种方式的好处在于弥补了许多充电器的成本和低效率的问题，并满足了 $N+1$ 条满足 $N$ 个充电器的电源线需求。更加经济的需求是使用具有多引脚低电压输出的单独的大充电器（见图 3.25d）。

## 3.3　评价

依据测得数据，BMS 能够计算或估计表征电池组水平的相关参数，主要包括：

- 荷电状态（SOC），放电深度（DOD）。
- 电阻。
- 容量。
- 健康状态（SOH）。

通常情况下，模拟 BMS 不具备这些功能。而大多数数字 BMS 只具有估算 SOC 的功能。只有最复杂的 BMS 才会具有上述所有功能。

这些评估功能不是为了保护电池组，而只是为了使用者的方便。例如，SOC 只是给出了电池组还能用多久的提示，SOH 给出了何时更换电池组的预警，或以较小强度使用电池组的时机。

尽管如此，这些测量参数仍是被保留的，因为从用户的角度来看这是值得的。能报告准确 SOC 的 BMS 可能只关注其主要工作（管理电池组），但会给用户带来不便。不能准确报告 SOH 的 BMS 将会让使用者的电池组很早就进行更换，而带来经济损失。

不幸的是，这些参数都不能十分准确的估算，从而在实际应用和理论估算之间形成巨大差异。尤其是无法直接测量锂离子电池单体的 SOC（与使用比重计测量通风铅酸电池的 SOC 相比）。目前，能够达到准确测量的方法还不存在。

### 3.3.1　荷电状态和放电深度

用户一般都希望知道电池的 SOC 和 DOD，就好像汽车驾驶员想知道油箱内还有多少油一样，从而便于估算其用完之前还有多长使用时间。

无论汽车仪表的精度要求多高，测量油箱比估算 SOC 要容易得多。油箱内的油量可以直接测量，然而 SOC 却不能。估算锂离子电池组的 SOC 和 DOD 是模糊科学，甚至是一个猜想游戏。

至今不存在直接测量锂离子电池组 SOC 的方法。只有估算的方法，但是受到很多限制。其中，常用的两种方法是：

* 电压转换。
* 电流积分（以库仑计）。

虽然这两种方法均有效，但是都不能单独地估算锂离子电池组的 SOC，只有联合使用才行。

### 3.3.1.1 电压转换

由于单体电池所属材料体系，电池电压在放电过程中呈线性降低，因此可以考虑使用一个简单的电压表作为表征 SOC 的指示器（见图 3.26）。已知电池组开路电压和 SOC 的关系曲线（电压转换的出发点）可使电表能够被校准并显示 SOC 的近似值。

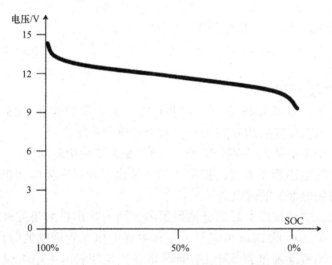

图 3.26　铅酸蓄电池 OCV-SOC 曲线成一定程度的线性

这种方法的主要局限在于电池的端电压还受除 SOC 之外的其他参数影响。已知这些参数的影响，就可以提供一定补偿，使得电压转换可以有效地估计 SOC。

将电压转换法用于锂离子电池的会受到限制，因为在锂离子单体电池 SOC 在较长区间内，接近不变状态（见图 3.27）。单体电流为 0 时，使用精确的电表（精度为 1mV），并允许单体电池电压进行长时间静置（时间常数为数十分钟），电压转换方法在实验室可用（而在实践中几乎不用）。然而，锂离子电池的单体电池电压在 OCV-SOC 曲线两端的变化很剧烈。因此，锂离子电池只有在接近放空或者接近满充时才适合根据电压估算 SOC。

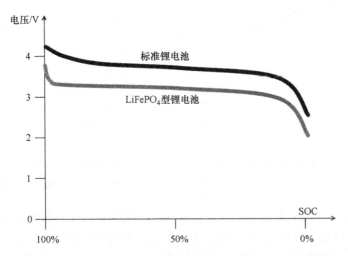

图 3.27 锂离子电池 OCV-SOC 曲线的中间平段，电压转换不同

### 3.3.1.2 库仑计数

对电池电流进行积分能得到其荷电量的相对值，就像在银行账户中计算货币的相对值一样。此处使用了"相对"一词。如果想得到确定数值，库仑计数法要求已知初始值。如果电池的初始电荷已知，那么通过库仑计数法即可得到电量。例如，向某电池以 2A 的电流充电 3h，则向电池充了 2A × 3 = 6A·h 的电量（见图 3.28）。电池的 DOD 减少 6A·h。而如果不知道初始 DOD，则无法获知最终的 DOD（充电效率是 100%，见 1.2.5.2 小节）。

库仑计数方法非常精确，但是有如下两个限制条件：

- 单体电池漏电流不流经电流传感器，因此不参加计算。
- 电池电流的测量漂移将会导致 SOC 随着时间上升/下降（在任何积分计算中，积分变量中的非零常数随着时间的推移将引起积分的改变）。

库仑计数非常适用于锂离子电池，因为其漏电流程度很低。由于电流传感器产生的偏移导致漂移仍然是个主要的限制（见图 3.29）；尤其是霍尔效应传感器（见 3.1.3.2 小节）。

对于较长的一段时期，漂移发生在使用很小的电池电流或来回穿梭的电流等应用场景下将变得很显著。特别是下列情况：

- 热备用电池：即使电池已经充满，电流传感器内放电时的小偏移将会导致 SOC 一直有偏差，直到随着时间推移 SOC 变为 0。

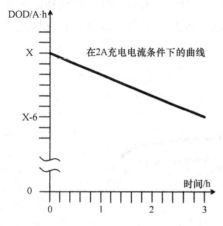

图3.28  库仑计数只给出了相对的 DOD

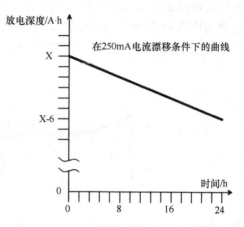

图3.29  DOD 的整日偏移，由于测量电流中的 250mA 的偏移

- 混合动力汽车电池组：需要时由电池提供能量，不需要时为电池充电，尽量将 SOC 维持在 50% 左右。即使所显示的 SOC 很好地保持在 50%，随着时间的推移 SOC 会因为电流传感器内部的偏移而发生小的偏差。最终，电池的实际电荷量将会逐步接近满充或放空的状态（见图3.30）。

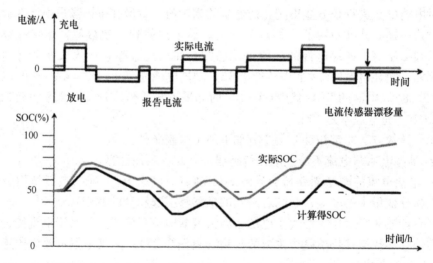

图3.30  混合动力汽车中相对于所报告的 SOC 的长时间偏移，由于电流测量时的偏移

混合动力汽车可以校准其电流传感器，以消除大部分因为电流传感器内部偏移而导致的 SOC 偏差。有时，汽车控制单元（VCU）会关闭电动机的交流逆变器，并控制 BMS 电池电流为零。这样一来 BMS 将保存电流传感器的数值为偏

移，之后使用这个偏移去校正读数。

### 3.3.1.3　技术联合

　　库仑计数可以被用于估算锂离子电池组的 DOD，并且只要能在某些点对其进行校准，就足可以克服偏移的问题。同理来看一下银行账户的比喻，平衡支票簿将自己认为在账户的数额与银行所说的数额进行同步。类似地，库仑计数法也需要一种校准结果的方法，以便报告的荷电量是真实的 DOD。电压转换则提供了这样一种方式，就好像平衡支票簿为银行账户所起的功能一样。两种方法相结合的方式为实现对锂离子电池 DOD 的估计提供了一条合理的渠道如图 3.31 所示。

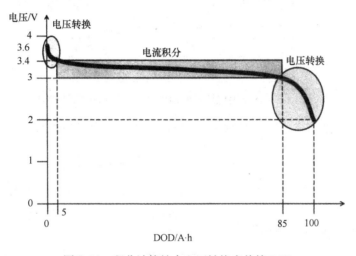

图 3.31　积分计算结合电压转换来估算 DOD

* 将电池电流积分（库仑计数）以获得电池相对的充放电电量。
* 对电池电压进行监测，以便当实际的电荷状态达到任一端部时对 DOD 进行校准。

　　如果通过库仑计数所估计的 DOD 没有经过校准（与实际 DOD 不符），最后，将使用电压转换对电池进行充放电去估算 SOC，因为已知容量可以换算为 DOD，之前估算的 DOD 从而被校准。例如，如果 100A·h 的锂离子单体的实际 DOD 是 20A·h，而 BMS 所估计的 DOD 是 50A·h，单体电池在电压达到阈值（例如，3.4V）前将会一直充电，对应一个实际 SOC（例如，90%）。此时，BMS 将估计 SOC 设定为 90%，对应的 DOD 计算值为 10A·h，并对 DOD 进行校准如图 3.32 所示。

　　回到偏移问题，看看之前是如何考虑以两种方法相联合的方式影响 DOD 估计的。

* **热备用系统**：电池组保持满充，可以使用电压转换，避免了库仑计数法的长期偏移。
* **混合动力汽车动力电池组**：当单体电池电压达到任一个端部阈值时，实

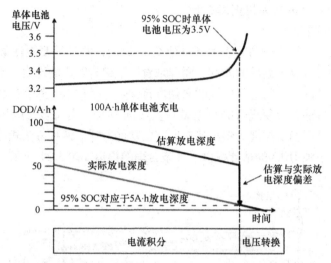

图 3.32 当单体电池电压达到阈值时，BMS 校准估算的 DOD

际 SOC 值将发生偏移，BMS 会根据当时的电压值对 SOC 进行校准（见图 3.33）。

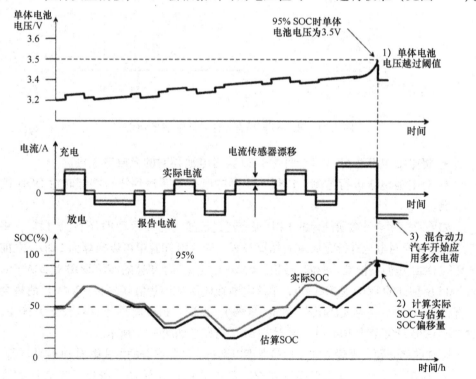

图 3.33 混合动力汽车中估算 SOC 与实际 SOC 的长期偏移，当单体电池电压
达到阈值时进行校准

一个用于平衡动力电池组过程的更复杂的方法可以用来校准 SOC。

对于上述方法，电池组实际容量必须已知，以保证 SOC 和 DOD 之间的转换正确。否则，SOC 的改变会过慢或过快，SOC 的校准也不准确，如图 3.34 所示。在可能出现问题的应用场景下，必须测量电池容量（见 3.3.2 节）。

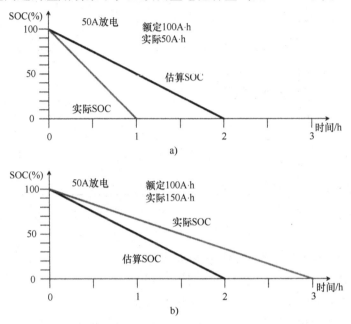

图 3.34　由于估算 SOC 的偏差所导致的电池组容量错误值
a）实际高值　b）实际低值

## 3.3.2　容量

对 SOC 更精确的估算要求测量实际电池组容量。实际电池组容量的减少可以作为估算 SOH 的参数。通过考察电池组由满到空的过程中有多少电荷转移来测量容量（见图 3.35）。或根据情况反向操作。通常来讲，最好在放电循环内做这项工作，因为以这种方式测量的容量（没有 IR 补偿）可以很好地指示在相同的条件下每次电池组中有多少电荷可以释放。

实际容量的精确测量方法要求电池组被完全充满和完全放空。前者一般容易做到，后者难一些。对于只运行于大电流的负载，使电池组完全放电是不可能的。不幸的是，在某些应用场景下，无论完全充满还是完全放空都是不可能或不能接受的，例如

- 电动车和插电式混合动力汽车不允许电量一降到底。
- 在备用电源应用等少有的场景中电量可以一降到底，这种情形发生时对

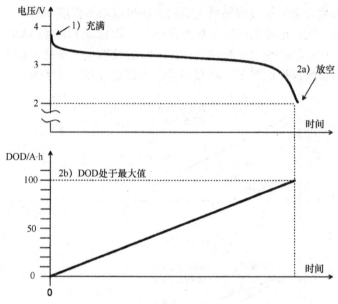

图 3.35　实际容量的测量

容量进行测量，当电池组快空时再报警就太晚了。

● 混合动力汽车一般应保持 SOC 处于中间水平。

当容量测量可以实现时，其值可能相当不准确。

● 在放电电流相对很低的应用场景下，电流传感器的偏移对容量的测量值会产生极大的影响。在很长时间内，电流传感器的偏移可能会发展为很大的误差。

● 未进行电池电阻补偿的系统不会完全充电或完全放电。

一旦完成容量的测量，BMS 就不能长时间以该数值为参照，因为容量随着电池组的平衡发生改变。

在实际应用中，测量的容量每次都会明显地变化，其数值可能被猜对，也可能被估计错。

### 3.3.3　电阻

电池内阻（见 1.1.2 节）通常不会引起使用者的注意。然而，其数值对于计算另外两个使用者非常关心的参数（SOC 和 SOH）时却十分有用。

● 电池内阻可以用于为估算 OCV 时对电池端电压的 $IR$ 补偿，继而可以估算 SOC。

● 电池内阻随时间的增加可以作为估算 SOH 的一个参数（见 3.3.4 节）

单体电池内阻随着 SOC、温度、电流方向以及使用方式的变化而变化。因此，BMS 不能只计算一次单体电池电阻并一直参考该数值。另一方面，无论是最精确的 IR 补偿还是 SOH 估算，都要求 BMS 必须计算电阻。由于难度很大，一些 BMS 制造商将会采用实验室使用的典型单体电池特征生成一个准确的、复杂的模型来估算不同情况下的单体电池内阻。

电池内阻是动态电阻，其定义为电压变化量与电流变化量的比值（见 1.2.7 节）。因此，为计算内阻，电池组的电流必须有变化（电流不能是常数）以使电压发生变化。在某些场景下（使用中的汽车，提供备用电源的大型分布式电源）变化量自然存在。其他场景下（充电中的电动车，热备用 UPS），则不存在变化量。如果电流恒定，而 BMS 又必须测量电阻，有时可以采取关/开电池组足够长的时间以便测量和计算电阻。例如，带有混合并联电池组的备用电厂，一次可以测试一个，对其放电，停止，然后再充电。

### 3.3.4 健康状态（SOH）

每个估算 SOH 的 BMS 对于 SOH 的定义都不同（见 1.4.3 节）。用于计算 SOH 的两个参数（见图 3.36）为

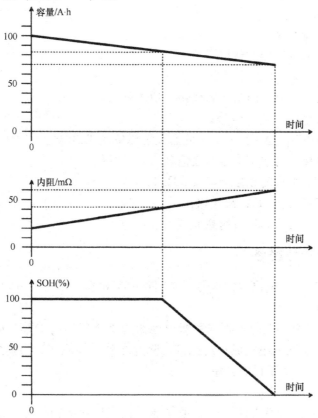

图 3.36 SOH 估算示例

- 实际电阻相对于额定电阻的增加值。
- 实际容量相对于额定容量的减少值。

# 3.4 外部通信

BMS 是否与外部系统进行通信取决于其型号：

- 调节器和测量仪没有定义任何外部通信。
- 监测器和平衡器要求具备一些外部通信功能，以便告知系统减少或者停止电流。
- 保护器是自包含的，不需要外部通信。

使用外部通信的 BMS 应具备：

- 发自 BMS：
- 要求系统减少或者停止电流；
- 记录电池组状态和 BMS 本身的数据。
- 送至 BMS：
- 系统配置命令；
- 来自外部传感器的数据。

通常来说，通信可以分解为

- 专用线：具有专门功能的线路，功能可以是
- 模拟（连续变化）信号；
- 数字（0/1）控制信号，在固态装置或机械式继电器中。
- 数字链接：与数字信号的通信链接，可以是
- 专用的，串行的数据端口（RS232，CAN，Ethernet）；
- 无线链接（Wi-Fi，蓝牙）；
- 轻链接（光纤，红外链接）。

## 3.4.1 专用模拟线路

这些线路输入或输出线性信号，使用 0~5V 电压。

### 3.4.1.1 输入

BMS 可能具有模拟的输入来测量电池组外部传感器的参数。例如充电器的模拟输出与输出/输入电流成一定比例。除此之外，其他部分的模拟信号都在电池组之内，这在 3.1 节已有介绍。

### 3.4.1.2 输出

BMS 报告状态或者电流的减少值是通过连续变化的模拟信号的线性变化实现的，与特定变量的取值成比例。例如：

● DCL 输出：通常是 5V，但是当 BMS 判定放电电流应该被限制时，它将减少输出电压，直到降为 0，此时不允许有放电电流。

● CCL 输出：与 DCL 输出相似，限制充电电流。

● SOC 输出：SOC 范围为 0 ~ 100%，电压范围为 0 ~ 5V；

● 油表输出：SOC 范围为 100% ~ 0，电阻为 0 ~ 100Ω；

● 高节气门输出：类似 DCL 输出，但是带有满足 2 路或 3 路节流罐的电压范围，以便当电池达到充电末端时减少汽车中节流罐的电压范围。

● 节气门刮水器输出：同上面一样，但是在 3 条线路节流罐中适用于刮水器的导通连接，以便在电池充电末端钳制电压。

一些说明线路使用方式的例子将在第 6 章列举。

### 3.4.2　专用数字线路

BMS 会使用或不用线路来与外部系统通信，包括：

● 允许外部系统控制 BMS 的输入或者报告其状态。

● 允许 BMS 控制外部系统的输出或者报告其状态。

#### 3.4.2.1　输入

一些 BMS 能够驱动诸如连接器、风扇、加热器等设备。如果是这样，BMS 应当含有能控制上述设备的数字输入。BMS 也会带有数字输入以使外部系统报告状态信息，比如负载是否被驱动（例如，点火线路或维持线），电源是否有电（例如，电动汽车充电），或是否允许联网输电（例如，充电控制以及 V2G 驱动充电电车或分布式电源）。输入一般有两种方式，即。

● 标准逻辑输入（例如，TTL 水平）；低于 0.8V 是逻辑 0，高于 2V 是逻辑 1。此类输入可以直接与逻辑输出相关，例如与连接器（继电器触点，开关，互锁以及防篡改检测器）、开放式集电极/漏极开路装置（晶体管，光隔离器，固态继电器）和中压水等电压水平的设备相连（电源，12V 线路），如图 3.37 所示。

● 触点闭合输入与大电流连接器兼容，包括消除大电流依赖的外部容性负载或者依靠脉冲大电流的持续关停状态的开关。

#### 3.4.2.2　输出

BMS 会使用数字关/开线路向外部系统报告 BMS 电池组的特定状态，例如：

● 高限制（HLIM）/超过电压限制（OVL）：当电池组不能再接受充电时通报，否则拉高。

● 低限制（LLIM）/超过电压限制（UVL）：当电池组不能再放电时通报。

● 储备（代客泊车，低功耗运行）：当电池组不能完全放电时通报。

● 警告：当 BMS 已经检测出危险情况时。

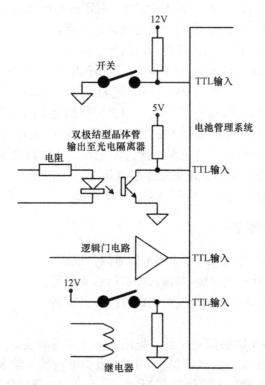

图 3.37　对应于逻辑输入的设备线路示例

- 故障：当 BMS 已经检测出故障情况时。
- 充电：当电流流进电池组时。
- 放电：当电流流出电池组时。
- 空闲：当电流不流出也不流入电池组时。
- 充电消耗：当电池组可以转移大量电荷（估计在插电式混合动力汽车中有用）时。
- 充电支持：当电池组接近放空时，电荷需要往复流动以维持相同的常规 SOC 水平（如同混合动力汽车常用的功能）。
- 电池正常运行（BOP）：依据电池组状态更改频率的方波时钟（即正常或故障）。

典型地，这些输出线路将包括以下类型（见图 3.38）：

- 逻辑水平输出（例如，CMOS 水平：0V 对应于逻辑 0，5V 对应于逻辑 1）：
- 与逻辑水平输入兼容。
- 小功率漏极开路/开启控制器（接地或打开）：
- 接地时可以导通的小电流的能力（为 1 ~ 100mA）；

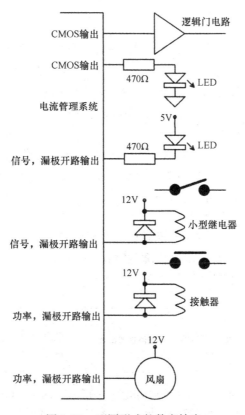

图 3.38　不同形式的数字输出

- 开路时可以导通的持续小电压的能力（20V）；
- 驱动小负载，比如 LED，继电器线圈以及逻辑输入设备。
- 大功率漏极开路/开启控制器（接地或打开）：
- 接地时可以导通的大电流的能力（为 1～10A）；
- 开路时可以导通的持续大电压的能力（20V）；
- 包括应对感应冲击的保护装置；
- 驱动大负载，例如功率继电器，连接器，风扇，鼓风机，加热器。
- 继电器触点：
- 孤岛；
- 通常开启，或者关闭，或者都有；
- 可能是干接点（对于当前电流）或电源触点（用于高电流）；
- 工作于 AC 或 DC。
- PWM 输出（具有可变占空比的方波）：
- 驱动不同的负载，例如不同速度的风扇和鼓风机。

### 3.4.3 数据连接

在专业应用中，BMS 使用最小专用线路，更倾向于依赖数据连接和外部系统保持通信。与依靠专用线路比，这造就了一定程度的灵活性以及成本的下降。数据连接依托线路，有时依托光纤（当 BMS 与电池组有电连接时尤其有用，要求与外部系统隔离），无线电或红外线连接（支持电池间的热交换，且要求电池终端移除功率连接器）。

数据连接可以是专有的，或者使用标准通信协议连接，但即使是后者，其数据编码通常是专有的。这个标准通常见于 BMS 中（见图 3.39）：

- RS232：全双工，异步，点对点连接；
- RS485：平衡，多点总线；
- CAN 总线：工业和汽车标准总线；
- 以太网 LAN：计算机网络标准总线；
- USB：计算机外围，点对点连接。

图 3.39　BMS 具有典型的通信链路：剩余系统的永久 CAN 总线，以及通过 RS232 串口与计算机组态相连接的暂时连接

对于这些，将会添加在电动汽车爱好者中很有名望的一项：

- 偏锋总线：隔离低速双绞线总线，32 节点。

#### 3.4.3.1 RS232

RS232 是一个点对点连接的古老的主力连接标准。一直被沿用的原因是由于 RS232 在台式计算机中仍然可见（虽然笔记本电脑中已经不再使用，但 RS232 对 USB 的加密却不是问题）。由于其非平衡性，不适于永久使用，因为大电池组使用的环境的电磁噪声很大。然而对于在 BMS 组态测试以及故障排除等阶段的暂时应用是可以的。

对于用户接口这是一个有吸引力的选择的，因为终端仿真器应用程序可以在实际中实现（例如 HyperTerminal，Fetch 以及 PuTTY）。这意味着没有必要为主机配备特殊的软件；BMS 可以用人类语言通过终端仿真应用程序与用户交流，技术服务人员需要的只是一台笔记本电脑或其他计算机设备来操控 BMS，而不需放置并安装特殊的软件。当然，一个专用应用程序可以提供给用户更加美好便捷的接口。

将 RS232 永久性用于工业和汽车领域往往令人难以接受，因为其速度低下，而且噪声恢复力差。即使如此，BMS 仍然可以在噪声环境下使用 RS232。在那种情况下，要么是另一端的设备应该处于浮空状态（不接地到机箱本地）要么是 RS232 隔离器应该放置于 RS232 线路上。例如，位于另一端的设备应该有反馈电池组状态的显示器。在这种情况下，BMS 必须从人机交互模式切换为数据转储模式。

### 3.4.3.2　CAN 总线

控制区域网络（CAN）总线如今已在汽车制造领域成为标准，并成为工业应用领域中的标准。本书不囊括总线内容，仅对相关内容进行简单描述。标准中规定了中间层如何解释数字流（对象层和传输层），但未定义外层，即应用层（指高水平，数据的含义）和物理层（指低水平，数字流传输）。尽管如此，工业标准保留这些层次实施的途径已经出现。

在硬件层（物理层），没有针对连接器的标准（其他总线有），但事实上已经出现标准布线（总线两端各一个 120Ω 终端电阻的均衡，多分支双绞线），两条总线（CANH，CANL）的名字，以及信号水平都印在上面（空闲时 2.5V）。

从根本上说，CAN 消息并非针对特定的接收者，但可以被简单地播放，并且任何设备只要需要就能够使用该信息中的数据。

如果 CAN 总线上的所有设备在任何时候都播报所有的访问数据，那么总线的任务量就太大了。因此，只有最重要的数据才会发给总线。为了检索不必要的数据，设备将会发送请求，接收数据的设备将发送信息报告作为响应。相关举例可参考 PID（详见第 5 章）。

CAN 信息可以使用 11 位或者 29 位的 ID 域。CAN 总线中这两种形式的信息可以并存，新设备可以收发信息，两种都用的系统比较少见。信息的优先权由其 ID 表述：ID 越低，优先级越高。

工业用户试图通过设定一组可以由总线传递的标准信息来定义应用层，比如 SAE 的 J1939 标准以及 CANopen。但该两项标准都不是针对 BMS 功能的，因此每个 BMS 设计者对 CAN 的定义都不同。2007 年，作者提出关于动力电池组的 CAN 消息设置标准，现在已经被一些制造商所使用（见第 5 章）。

特定 CAN 总线上的所有信息均使用同一波特率（相同速度）。虽然某些速度已经标准化：125kHz，250kHz（例如，SAE 的 J1939 标准），以及 500kHz（常见于多数载人汽车中），但任何速度都可以提升为 1MHz。CANopen 标准可以用于 10kHz，20kHz，50kHz，250kHz，500kHz 以及 1MHz。

### 3.4.3.3　以太网络

大型研究或发展中用的陆基应用场景或移动应用场景中，BMS 可能包括以太网络连接器用于与本地局域网连接（LAN）。主机的应用场景将会与监测器连接，登录甚至是电池组 BMS 的控制。在移动场景中，远程通信连接（比如通过蜂窝网络）将会驱动遥测和遥控。

### 3.4.3.4　USB

正如一个永久性 RS232 不适于应用于汽车和工业场景，通用串行总线（USB）也同样不适合。然而，USB 在 RS232 不再使用之后普及开来。因此，USB 对于 BMS 通过笔记本电脑驱动组态与监测的报告来说是一个更好的选择。如同 RS232 一样，标准的终端仿真应用程序更有利于实现用人类语言与 BMS 的通信交流，专用应用程序可以用于制作更专业便捷的用户界面。

### 3.4.3.5　无线数据链路

无线通信在消费领域非常普遍，但在工业和汽车环境中却并不广泛，因为短电缆可以更可靠地完成通信工作。尽管如此，仍存在不能使用线路连接的设备实例（例如苹果手机），例如像 Wi-Fi 或蓝牙这样的消费端 RF 连接就可用于与 BMS 连接。

## 3.5　登录和遥测

由于 BMS 可能在错误的日志中仍存储一些记录，期望其可以实现的更多，而有些却是不恰当的。记录的工作更适合使用数据记录仪。记录仪可以记录所有系统数据，而不仅仅是 BMS 数据。例如，汽车 CAN 的记录仪不仅可以记录电池电流，也可以同时记录引擎 RPM。登录包括：

- 电池组电压。
- 电池组电流。
- 电池组 SOC 或/并 SOH。
- 电池组内阻。
- 最小和最大单体电压。
- 最低和最高温度。
- CCL 与 DCL。
- 报警与错误。

相同数据可以传输到远程位置（遥测）。这常用的方法是蜂窝调制解调器。其他传输方式包括网络寻呼机（速度慢但是很便宜）。

### 参 考 文 献

[1] Barsukov, Y., *Battery Cell Balancing: What to Balance and How,* Texas Instruments.

[2] Rickard, J., "Get Rid of Those Shunt Balancing Circuits," November 25, 2009, http://jackrickard.blogspot.com/2009/11/get-rid-of-those-shunt-balancing.html.

# 第4章 市售电池管理系统

## 4.1 引言

在撰写本书时,虽然市场发展迅速,但仍只有少数几十家公司可以提供成品的电池能量管理系统。本章简要介绍了本书出版时市售电池管理系统的情况,有些产品在 2010 年底才有市售。这些内容可能随时间发生巨大变化,但仍有助于了解哪些产品可用、有什么特点、价格高低等信息。在线查找市售电池管理系统的最新产品,可登录:http://book.LiIonBMS.com。

目前,用于小型蓄电池的中国生产的简单保护器占市售电池管理系统市场的比例最大。由于不适用于大型锂电池组,在此不做深入讨论。少数市售电池管理系统由知名度、信用度较高的大公司生产。为避免小用户的问询,这些公司可能并未公布他们的商品,而更倾向于向潜在的大用户提供服务。总之,这些电池管理系统可能不能称之为市售,而是半定制品。本章只讨论其中少数已公布且可以购买到的产品。

美国和欧洲的小公司可以提供最先进、最具实用性、最商业化的电池管理系统。这些家族式公司不会得到大公司的青睐,但它们有自己成熟的、有效的和可靠的解决办法。本章将在细节上探讨这些电池管理系统。

### 4.1.1 简单系统

如 2.2.1 节所述,简单电池管理系统利用的是模拟技术,且作用有限。它们的价格,如图 4.1 所示。保护器均摊至每个单体电池保护器为 3 美元,分布式电池管理系统均摊到每个单体电池为 15 美元(在众多的电池管理系统类型中,分流器、均衡器和保护器可被考虑应用于大型锂电池组中)。

#### 4.1.1.1 分流器

市场上有许多类型的分流器,但大部分由非专业的生产商制造,只会出售一段时间。LL Labs 是仍然生产分流器的两家企业之一,它拥有自己的大功率(高达 4A)"电池卫士"分流器。分流时黄灯亮;如果熔断器熔断,则红灯亮电池短路,因此,必须一直有人监视 LED 的状态。虽然自定义阈值电压可以改变,但固定的拐点电压 3.67V 对于磷酸铁锂电池来说略高,而对锂聚合物锂电池、Thundershy 公司的稀土锂电池和钴酸锂电池又太低。

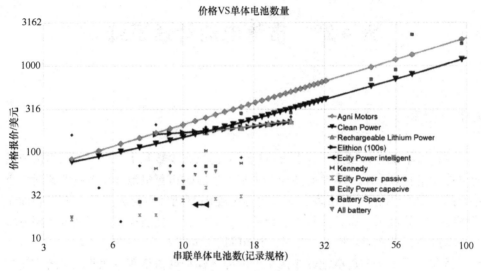

图 4.1 模拟电池管理系统价格

Elite Power 公司出售用于 90A·h 棱柱形单体电池的小分流器，它们的旁路电流比"电池卫士"更小，但价格也更便宜。固定的拐点电压为 3.7V，同样对磷酸铁锂电池来说太高，而对锂聚合物锂电池、Thundershy 公司的稀土锂电池和钴酸锂电池又太低。

#### 4.1.1.2 均衡器

模拟均衡器相对便宜且可以完全保护和优化电池，因此具有最高的价值。大多数均衡器为分布式。每个单体电池板安装一个监视器用于均衡电池，一条电池单元间的总线直接或通过主控制器向系统报告过电压或欠电压（可能就是简单的几组继电器）。有许多公司生产这种电池板，比如 Agni/Stybrook（英国/印度）、Black（美国）、EV Power（澳大利亚）和 Shenzhen Soopower Technology（中国），我们将在下面重点介绍其中两个公司。本节也将针对 Lithumind 均衡器进行讨论，不同于以上其他产品，该产品是集中式、全功能的电池管理系统。

1. Clean Power Auto 公司

佛罗里达州坦帕市 Clean Power Auto 公司（cleanpowerauto. com）的 Dimitri Butvinik 创造了迷你电池管理系统，如图 4.2 所示。该系统可以提供磷酸铁锂电池组所需的绝对极小值的功能设定，以使功能性和简单性之间达到最佳平衡。这款简易的分布式电池管理系统容易安装且几乎不需要配置，是业余爱好者制造电动汽车的理想选择。它可以达到对基本的磷酸铁锂电池组保护功能，并可加强欠电压、过电压和一致性，其还对单体电池数量无限制。它有两种拓扑，即分布式或集中式。在分布式拓扑结构中，它与棱柱形单体电池一起工作。每个单体电池配有一个电池板，一条单线式串级链环依次连接每个电池板，最后连接到主控制器。在集中式拓扑结构中，电池板以任意形式连接到单体电池并简单地连接到嵌板上。

图 4.2　Clean Power Auto 公司迷你电池管理系统分布式或集中式均衡器
（来源：D. Butvinik，Clean Power Auto，2010. 经许可重印）

2. Elithion 公司

作为数字均衡器 Lithiumate 的跟进，Elithion 公司（elithion. com）2010 年发布了 Lithumind 均衡器，如图 4.3 所示。它是一款拥有数字电池管理系统功能（包括电流测量、荷电状态和健康状态评估）的模拟电池管理系统，适用于电动自行车和电动摩托车的中型蓄电池（24 个单体电池）。它是集中式电池管理系统，25 条线连向 24 个电池单元。四类调节可以对阈值电压进行调整：关闭充电器、均衡、存储和关闭发动机控制器。一系列输出被发送到可选择显示器上，它可以显示调整设定值，最大和最小单体电池电压，电池电流、电压和电阻、容量，荷电状态以及健康状态。还可以承受任何类型的错线故障和开路故障。

图 4.3　Elithion 公司的 Lithumind 集中式均衡器

### 3. EV Power 公司

澳大利亚西部 EV Power 公司（ev-power.com.au）的 Rod Dilkes 用最低限要求方法开发了一种适用于任何规模棱柱形锂离子电池的分布式均衡器，如图 4.4所示。每个微单体电池组件安装在单体电池上，用以检测欠电压或过电压。相邻的电池组件通过单线串级链环相连，每个单体电池上的两个可互换的衬垫用于连接。

图 4.4　安装于棱柱形电池的 EV Power's 分布式均衡器
（来源：Rod Dilkes, EV Power, 2010, 经授权重印）

单体电池组件有大有小，以适应特殊的终端间距。主控制器是一个装有母线控制的继电器盒子。600mA 的均衡电流对于大多数应用来说已经足够。该电池管理系统在澳大利亚西部的佩斯 EV Works 销售。

### 4.1.1.3 保护器

中国有许多电子公司可以提供多种类型的小型电池模拟保护器，包括 Cyclone、Ecity Power、Kennedy Alternative Energy、ONS Power、Rechargeable Lithium Power、Smartec 和 Yesa。此外，还有美国的西南电力能源集团。这些保护器非常适用于小型电池，但有些公司打算向大型电池组进军。一些中国集成商制造了适于这些保护器的大型锂电池组。至今为止，我所见过的所有这种保护器都无法正常工作，使用者非常失望，并停止使用这些保护器而转向他处寻求保护电池组的有效解决办法。这是因为那些保护器是串联的，无法处理较大的电流，不能工作在高噪声环境中，而且也不是相互隔离的。有的产品标注了令人啼笑皆非但是正确的警告：电池运行时，请勿与电池管理系统进行通信。这是因为电池组中每 6 个保护器有一个串行端口，各个端口有不同的参考电压（因此将它们连在一起会导致电池短路），而且任何连接它们的电缆中会存在很多噪声，这会使保护器的可靠性下降。

这种情况可能在读者阅读此书时已有所改观，但需要警惕那些向你出售使用廉价保护器作为电池管理系统的大型锂离子电池组厂家。

## 4.1.2　复杂系统

如 2.2.2 节详述，复杂电池管理系统使用数字技术，拥有诸多先进的功能。在数字电池管理系统的诸多功能中，监测器、监控器、均衡器和保护器是需要在大型锂离子电池组中进行考虑的。

### 4.1.2.1　监测器和监控器

监测器和监控器的价格（见图 4.5）取决于它们所支持单体电池的数量。目前，它们的价格从每个单体电池 17 ~ 50 美元不等（在 100 单体电池的电池中）。

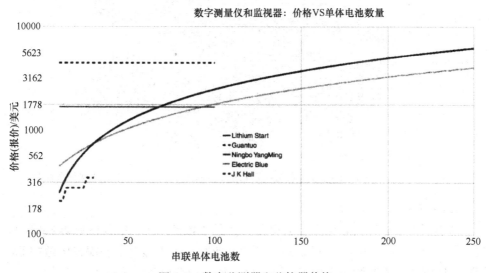

图 4.5　数字监测器和监控器价格

1. Electric Blue Motors 公司

位于亚利桑那州的 Electric Blue Motors 公司提供的 Blue Window 是一种可以安装定制汽车的集成电脑/显示器的仪表板。为便于测量和报告电池电压，2009年，该公司发布了称之为 Blue View 的拓展版，使他们的产品进入锂离子电池的测量领域，该拓展版可以报告每个单体电池的电压、估算荷电状态，但没有电池组保护功能。

2. Guantuo Power 公司

Guantuo Power 公司（http://guantuo.com）专业生产锂电池能量管理系统，其系统由中国多家重点高校共同研发。该公司提供了四种 GTBMS005A 主从监控器，各类型都可以计算荷电状态和健康状态（见图4.6），且均由中央控制器、从属模块、显示器、电流传感器和 USB 接口组成。四种版本的不同之处在于显示器（MC11 和 MC16 使用彩色显示器，MC17 和 MC8 使用单色显示器）、所支持单体电池数量（MC11 和 MC16 支持 300 个电池单元，MC17 支持 100 个，MC8 支持 20 个）和通信（MC8 使用继电器输出，其他三种使用 CAN 总线，可与 ElCon 充电器进行无缝通信）。尽管这只是一个监控器（没有均衡功能），但在汽车上有广泛的应用。Guantuo 经过 ISO9000 认证，他们的电池管理系统有金属外壳或坚硬的塑料模块，并经 CE 认证。

图4.6　Guantuo Power 监控器（来源：Y. Fairy，Guantuo Power，2010，经授权重印）

3. JK Hall 公司

来自科罗拉多州温莎的 Ken Hall 研发了用于电动汽车铅酸蓄电池的 PakTrakr 监测器（http://paktrakr.com）。最近，他又研发了用于锂电池和镍镉电池的 PakTrakr 监测器，该监测器适用于中型电池，如电动自行车。这种监测器使用的是主从拓扑结构，可以使用多达 6 个从属模块，每个模块最多测量 6 个单体电池，总共可以测量 30 个。主模块位于安装面板的醒目塑料外壳，包含一个 LCD 显示器和两个按钮。此外，再没有其他接线，监测器由电池供电，不控制其他外部设备。

### 4.1.2.2　均衡器和保护器

在我的研究中，发现只有 7 家公司生产的均衡器和保护器的质量达到了专业大型锂电池组的水平。他们的价格（见图4.7）取决于所支持单体电池的串联数。现在，他们的价格从每个单体电池 12 ~ 75 美元不等（在 100 单体电池的电池中）。

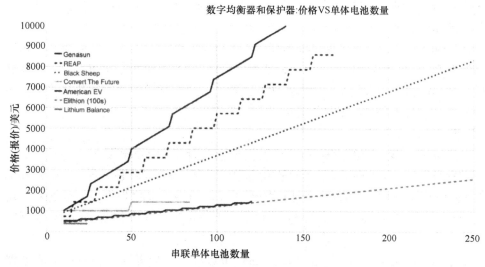

图 4.7　数字均衡器和保护器的价格

### 1. Black Sheep Technology 公司

Black Sheep（http://black-sheep.us）是北卡罗来纳州的一个小公司，拥有制造电动汽车电子产品的丰富经验，经营者 Ron Anderson 注重产品质量，提出了 4 种电池管理系统，这些系统覆盖了一系列需求，并能处理任何种类的单体电池。

Stack V1 适用于较小的电池，它是一种开放型的模块化电池管理系统，含有两个模块，每个模块最多可以处理 16 个串联的单体电池。

Cage V2 适用于汽车的中型电池组，这是一个集中式电池管理系统，其主控制器是一个外形为带有 6 个沟槽的主板。每个沟槽可以插入一张卡，并能处理多达 8 个串联的单体电池，总共可处理 48 个单体电池。主板使用汽车级的密闭式连接器，整个装置置于密闭的金属外壳中。

Mini V3 适用于大型电池组，能处理的单体电池数量不受限制。它使用模块化拓扑结构，每个模块置于一个醒目的小塑料外壳中，且可以处理 5 个串联的单体电池。

Auto V4 对大型动力电池组是个理想选择。它是一个模块化系统，装在汽车级外壳中，每个模块可以处理高达 8 个串联的单体电池，模块数量不受限制，因此可以用于任意大小的电池组。

### 2. Clayton Power 公司

欧洲公司 Clayton Power（http://claytonpower.com）可提供两种成品电池管理系统。

该公司的保护器是 Lithium Balance 保护器（两家公司曾经合作，而后于

2009 年分道扬镳）的仿制产品。Clayton Power 告知到 2010 年底他们会有自己的替代产品发布。

Clayton Power 也提供可以处理高达 496 个单体电池的主从结构均衡器。该均衡器有多达 31 个从属模块，每个模块可处理多达 16 个单体电池和 4 个温度传感器。这种电池管理系统有一个电流传感器输入，可以估计电池组的荷电状态。各种元器件放置于醒目的塑料外壳中。

3. Elithion 公司

2004 年，我为我的"Sparrow 电动汽车"设计了一款锂电池管理系统。2006 年，我用我的电池管理系统技术合作创办了 Hybrids Plus，它是一家把 Toyota Prius 和 Ford Escape 混合动力汽车改装成插电式混合动力汽车的公司。公司改装了几十辆汽车。2008 年我离开了 Hybrids Plus，并进入 Elithion 以使我的技术可以产业化。

现在，Elithion（http://elithion.com）可以提供一款灵活的分布式电池管理系统 Lithiumate，如图 4.8 所示。电池板可用在小型圆柱形、袋形、棱柱形和大型圆柱形电池中，每种单独或作为半定制的整体用于多种单体电池。每个电池板由其电池供电，可以测量电池电压和温度，并提供中间均衡电流。相邻电池板间的连接为单线连接，起到了简化安装的作用。从电池管理系统的角度看，电池组可以分为多达 16 个存储区，这样可使其与模块电池组的安全分区得到兼容。电池管理系统的控制器放置于浇铸铝制外壳中，它使用标准终端装置通过串行接口进行区域编程。其功能包括计算荷电状态、健康状态、电阻和电容，支持 CAN 总线、多重电流传感器、冷却和加热、接触器驱动和安全互锁。

图 4.8　Elithion Lithiumate 分布式均衡器

可选择的高压前端可以检测电池组的绝缘性，测量电池组的电流和电压，驱动一组电流接触器。可选择的简易 LED 用于显示屏显示荷电状态。第三方销售商提供与 Lithiumate 相兼容的更先进的显示器。

Elithion 用高额的每订单费用鼓励个人和小公司购买产品，并得到互联网中间商的支持以使它专注于更大的直接用户。

4. EVPST 公司

EVPST（http://evpst.com）是一家中国广州的公司。该公司倡导环保，提供电池、与太阳能和船舶相关的电子产品。他们的 EVPST-BMS-4 是一种锂电池主从均衡器，包括一个显示器和一个电流传感器（计算荷电状态）。该产品通过 RS485 总线与 EVPST 充电器进行通信，通过 CAN 总线与其他系统进行通信。令人费解的是，该公司的产品也由邻居公司 ECityPower 出售，但 EVPST 否认两公司之间存在联系。

5. Genasun 公司

Alex MeVay 在波士顿创建了 Genasun（http://genasun.com），该公司生产太阳能系统的电子产品，如充电控制器。当从铅酸电池向锂电池转向时，他们不满足于现有的电池管理系统，并决定设计自己的产品。而后，诞生了 GLD 系列保护器（带有电流接触器）和均衡器（无电流接触器）。它是一款分布式电池管理系统，电池板直接安装在单体电池上，且只适合一种大小的棱柱形电池。但他们可能也会向小型圆柱电池进军。与主控制器的通信是通过模块化电缆（电话式）进行的。

6. Lithium Balance 公司

Lithium Balance 是一家丹麦公司，专业生产锂电池管理系统和制造完整的整套锂电池组。该公司提供两种类型的电池管理系统，即集中式保护器和主从式均衡器。

i-BMS 系列集中式保护器（见图 4.9）便于安装，是现存 48V、60V 或 70V

图 4.9　Lithium Balance 公司的保护器（来源：Adetunji Adebusuyi,
Lithium Balance，2010，经授权重印）

铅酸电池组到锂电池组的转化版。它可以切断较大的电流，适用于中型电池在，如城市型电动车（NEV），但也适用于更小的电池，如电动轮椅和电动自行车。RS232 接口可连接计算机，并运行诊断软件进行诊断和查看状态，包括荷电状态、存储状态和错误日志。它与市场上各种智能充电器兼容，合适的包装在压制铝外壳中，并为达到负荷国际标准经过德国技术监督会的 CE 认证。更多电池管理系统版本，见表 4.1。

**表 4.1 Lithium Balance 不同保护器规格**

| 模　型 | 额 定 电 压 | 串联单体电池数 | 连 续 电 流 |
|---|---|---|---|
| 1101-0053 | 48V | 15 | 140A |
| 1101-0037 | 60V | 19 | 250A |
| 1101-0058 | 72V | 23 | 250A |

可拓展电池管理系统 s-BMS（见图 4.10）是一款全功能主从均衡器，适用于高达 600V 的电池包。每个从属模块（线路监视器单元）可以处理串联的 8 个单体电池，主模块（蓄电池端电压采集单元）可以处理 8 个从属模块，共可处理高达 256 个串联的单体电池。四线式总线的串级链连接各个元器件，该电池管理系统可以作为各开放式元件的组合（安装在定制外壳中），或包装成的坚硬密闭外壳（由密闭圆形塑料连接器组成）。这种电池管理系统可以配置所有普通化

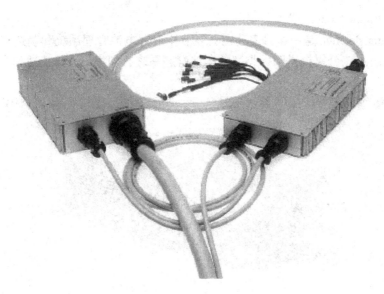

图 4.10　Lithium Balance 均衡器（来源：Adetunji Adebusuyi，
Lithium Balance，2010. 经授权重印）

学电池，报告电池组数据和计算参数（荷电状态、健康状态），拥有 CAN 总线和一个 RS232 接口（可使用电脑进行诊断和配置），充电器控制（模拟、PWM 和 CAN），一个电流传感器接口（霍尔效应或分流）和故障检测隔离。均衡电流为 0.5A，外接电阻时增加到 4A。

7. REPA 公司

Dennis Doerffel 是一名南安普敦大学锂离子电池方面的专家，他利用自身在锂离子电池方面的知识研发了一种价格低廉、功能强大的电池管理系统。他和 Stephanie Pielot 创建了 REAP（http://reapsystems.co.uk），在 2003 年将其技术推向市场，并得到热烈响应。他们生产优质、模块化的均衡器，如图 4.11 所示。每个模块可以处理 14 个串联的单体电池，12 个模块共可处理多达 168 个串联的单体电池（其中一个模块为主模块）。该电池管理系统是一款全功能系统，含有拓展通信接口（CAN 总线、RS232 和 RS485/RE422），电流传感器接口和电量指示功能。它被安装在醒目的压制塑料外壳中，并配有可选择显示器。

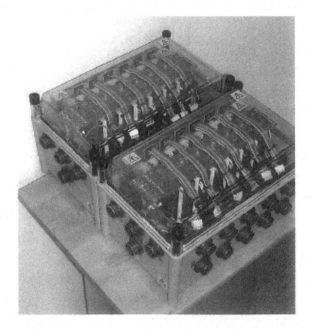

图 4.11　适用于 168 个单体电池的 REAP 电池管理系统
（来源：Stephanie Pielot，REAP System，2010. 经授权重印）

## 4.1.3　单体电池制造商的电池管理系统

相当一部分单体电池制造商也出售与电池配套的电池管理系统。由于无法获得这些电池管理系统，因此不同于上述电池管理系统，我们不将其考虑在商业化范围内。

### 4.1.3.1 Elite Power 公司

Elite Power（http://elitepowersolutions.com）出售固定于金属板上的 4 个棱柱形电池（产于 Thundersky/Zhejiang GBS Energy）组成的电池块，并带有电池板铆接在单体电池上的电池管理系统。该电池管理系统是数字均衡器，可以处理至少 24 个串联的单体电池，并通过两线式串级链环进行通信。通常，电池管理系统控制器合并在电池传感器中。该系统含有一个 LED 显示器和一个 LED 荷电状态显示器，可与生产公司的充电器无缝对接。

### 4.1.3.2 Kokam/N Tech 公司

Kokam 长期提供应用于小型设备（如飞机模型）的袋状锂电池。近来，该公司注重于大型动力电池组，也因此产生了对电池管理系统的需求。2010 年，Kokam 开始提供由 N-Tech 生产的电池管理系统。这种模块化数字均衡器含有 CAN 总线，可通过测量霍尔效应电流传感器或分流电流计算荷电状态。它含有多达 8 个模块，每个模块可处理串联的 14 个单体电池，总共可最多处理 112 个串联单体电池。均衡电流 65mA，或稍低于该值。

### 4.1.3.3 Thundersky/宁波阳明公司

宁波阳明的 BMS40 是一种主从结构的数字监控器（无均衡功能），可与 Thundersky 电池（http://thunder-sky.com）配套使用。它可以处理 10 个从属模块，每个从属模块可处理 10 个单体电池，总共可处理 100 个串联的单体电池。它带有一个显示器、电流传感器，并可计算荷电状态。这种电池管理系统更适用于实验室而非商业化产品。

### 4.1.3.4 Valence 公司

电池制造商 Valence（http://valence.com）非常清楚一个好的电池管理系统对于确保锂电池工作的可靠性。因此，一开始它就提供与其所售电池配套的 U-BMS。该系统是一种全功能、模块化数字均衡器。每个模块可以处理一个 U-Charge 电池模块，共 128 个模块，每个模块包含 4 或 6 个串联的单体电池，最多可处理 768 个单体电池（在含有多条串联线并行的系统中），但每个串联线最大可处理 220 个单体电池。模块间可通过一条 CAN 总线进行通信，这条总线可与其余系统的 CAN 总线是同一条（它的速度可以设置为与系统 CAN 总线速度相同）。

## 4.1.4 对比

本章所述电池管理系统的对比见表 4.2。

**表 4.2　市售电池管理系统对比**

| | 技术 | 拓扑 | 功能 | 电池数 | 特　点 |
|---|---|---|---|---|---|
| Black Sheep，V1 | 数字 | 模块化 | 均衡器 | 32 | 荷电状态，RS232，接触器 |
| Black Sheep，V1 | 数字 | 集中式 | 均衡器 | 48 | 荷电状态，RS232，接触器 |
| Black Sheep，V1 | 数字 | 主从结构 | 均衡器 | 任意 | 荷电状态，RS232，接触器 |
| Black Sheep，V1 | 数字 | 主从结构 | 均衡器 | 任意 | 荷电状态，RS232，接触器 |
| Clayton Power | 数字 | 集中式 | 保护器 | 4～23 | 荷电状态 |
| Clayton Power | 数字 | 主从结构 | 均衡器 | 496 | 荷电状态 |
| Clean Power Auto | 模拟 | 分布式 | 均衡器 | 任意 | |
| EVPST | 数字 | 主从结构 | 均衡器 | ? | 荷电状态，CAN，RS485，可选配显示器 |
| Electric Blue Motors | 数字 | 分布式 | 监控器 | 255 | 荷电状态 |
| Elite | 数字 | 分布式 | 均衡器 | 24 | 荷电状态 |
| Elithion Lithiumate | 数字 | 分布式 | 均衡器 | 256 | 荷电状态，安全状态，CAN，RS232，接触器 |
| Elithion Lithiumate | 模拟 | 集中式 | 均衡器 | 24 | 电流传感器，荷电状态，健康状态，可选配显示器 |
| EV Power | 模拟 | 分布式 | 均衡器 | 任意 | |
| Genasun | 数字 | 分布式 | 均衡器 | 任意 | RS232 |
| Guantuo | 数字 | 主从结构 | 监控器 | 100 | 荷电状态，CAN，USB，显示器 |
| JK Hall | 数字 | 主从结构 | 监测器 | 30 | 荷电状态，显示器 |
| Lithium Balance | 数字 | 集中式 | 保护器 | 4～23 | 荷电状态 |
| N-Tech | 数字 | 分布式 | 均衡器 | 112 | 荷电状态，CAN，显示器 |
| 宁波阳明 | 数字 | 主从结构 | 监控器 | 100 | 荷电状态 |
| REAP | 数字 | 模块化 | 均衡器 | 168 | 荷电状态，CAN，RS232，可选配显示器 |
| Valence | 数字 | 模块化 | 均衡器 | 220 | 荷电状态，CAN |

# 第 5 章　定制型 BMS 设计

如果读者选择使用成型的电池管理系统（BMS），那么可以跳过本章直接阅读第 6 章。

如果读者决定搭建个性化的电池管理系统，可以通过本章所讲述的一些电路实例、常见问题及其解决方案来加快定制进程。本章适用于有一定电气工程经验基础的读者。本章与第 3 章中的内容基本相同，但第 3 章是从 BMS 用户的角度对问题进行的介绍，而本章则从 BMS 设计者的角度出发，在技术层面对问题进行阐述。

在阅读本章时，建议读者从第 5.1 节开始首先选择一款 BMS 专用集成电路（Application-Specific Integrated Circuit，ASIC）。然后，如果您想要设计一个模拟的 BMS，请阅读 5.2 节；如果您想要开发一个已成型的数字 BMS，请阅读 5.3 节；如果您想要开发一个全新的数字 BMS，请阅读 5.4 节；不管您的选择是什么，请继续阅读第 5.5 节，本节主要讲述适用于所有设计的机械安装技术；5.6 节的内容在 BMS 的设计中并不是必须要掌握的知识，但是对于那些想要应用分布式充电设计来代替具有均衡功能的 BMS 用户来说是非常有价值的。

## 5.1　BMS 专用集成电路

本章主要对 2010 年已经使用或即将发布的 BMS 专用集成电路进行探讨。作为一个飞速发展的领域，或许当你阅读本书时，本书所论述的一些专用集成电路已经被淘汰，相应地也会出现一些新的具有实用价值的专用集成电路（作者将会在 http://book.LiIonBMS.com 网站上对 BMS 专用集成电路进行实时更新）。因此，除了本书所提到这些具体的专用集成电路以外，作者还将为如何选择适用于大规模电池组的 BMS 专用集成电路提供一些建议。

### 5.1.1　BMS 专用集成电路的选择

目前，一些消费类产品（如笔记本电脑）中为小型锂离子电池管理搭建的 BMS 专用集成电路已较为成熟。这些集成电路主要有以下突出优点：

- 可以以最清洁的设计以及最小的短路风险直接安装于每节单体电池上。
- 成本较低（少于 1 美元每节单体电池）和采购方便。

但是，这些集成芯片也存在着两个缺陷，使其不能应用于大规模锂离子电池组中。第一，这些芯片是针对小电流设计的，主要通过集成在电路板上的电阻来实现电池电流的检测；而在大规模锂离子电池组的应用中，电流比较大，集成芯片通过霍尔传感器或分流装置来测得电流，详述见 3.1.3 节。如果不能测得电池电流，再智能的芯片也无用武之地。第二，这些集成芯片只能同时对串联的几节单体电池进行管理。

因此，应用这些专用集成电路来实现对大规模电池组 BMS 的设计搭建主要面临以下挑战：

• 设计者必须考虑把多个 BMS 专用集成电路安装在同一条总线上（例如 I2C 总线或 ISP）。但是，由于它们的 ID 是固定的，这就导致无法直接读出某一个集成电路的网络地址。因此，必须为每一个集成电路搭配一个多路转换器，或者在每个 BMS 专用集成电路和控制总线间安装一个小型微处理器，从而保证设备能响应每一个特殊的 ID。

• 每种芯片都有自己独有的特性，因此，很难把这些芯片组合起来，并有效利用其专用集成电路计算处理各种参数。

• 在大容量电池组中，主控制器通过电流传感器获得电池组的电流。BMS 专用集成电路不受控于主控制器，因此也就不具有从主控制器读取电池组电流的功能。然而，如果没有电池组电流，BMS 专用集成电路就不能显示出其先进性。

• 主控制器无法控制每个芯片的负载。因此，就不能应用专用集成电路的均衡功能。如果要对电池进行均衡，主控制器就需要增加额外的均衡电路来实现。

尽管专用集成电路有上述缺点，一些研究人员仍试图将小型电池 BMS 专用集成电路强行应用于大型电池组设计当中，但最终结果都不理想（详见 5.3.5 节）。本书作者强烈建议读者不要对这样的方法进行尝试，还是直接从专为大容量锂离子电池组设计的专用集成电路（或通用集成电路）着手较为现实。在为大容量锂离子电池组的 BMS 选取专用集成电路时，应权衡利弊，并遵循下列选取原则：

• 为了实现高效的均衡和保护功能，精度要求优于 25mV。

• 至少每 6 个电池单体安装一个温度传感器（尽管可以随时为每一个单体电池单独安装温度传感器）。

• 具有能够管理电池组中全部单体电池的能力。

• 具有独立的充放电输出功能（如果具有输出限制要求）。

• 具有电流源输出接口，并且能够进行不间断数据流传输功能或者至少具有时钟（如果包含级联集成电路的端口）。

• 具有每个集成电路编制 ID 的功能（如果所有集成电路均集成在同一个总

线上）。

- 为了达到较好的噪声抑制效果，需要为每个单体电池单独配备数据采集电路。
- 应选择那些具有多年 BMS 生产经验，并且愿意在接下来的数年中持续提供此类集成电路的生产厂商。
- 如果之前不知道如何设计 BMS，那么应选用成型的 BMS。
- 附加电池均衡功能，并且为其单独布线，不要和测量装置共用线缆。
- 具有对单体电池电压的配置功能。

应避免使用小型电池的集成电路保护器，这主要是因为

- 它们具有一个板载电流感应电阻终端。
- 它们具有能够驱动 MOSFET 的驱动终端。
- 它们的 ID（用于通信端口）不可编程。
- 虽然它们具有较为完整的 BMS 功能，但是却不能从主控制器接收电池组的测量电流信号，因此不能使用这些功能。它们不受主控制器的控制，例如开通均衡负载的功能。
- 它们或许还不具有数字通信端口。

应避免应用级联的集成电路，这是不恰当的使用方法，因为

- 级联端口需要使用电压电平移位器（这会导致系统的抗干扰特性变差）。
- 级联端口需要使用光电隔离器（这会使成本增高并造成较大的电流损耗）。
- 级联端口需要使用超过 3 或 4 根线束（如果采用物理隔离模块会带来一系列的问题）。
- 级联端口需要使用稳定的逻辑电平（这将导致无法区分短路和开路情况）。

应避免使用均衡功能不完善的集成电路，这主要是因为

- 这些集成电路的电压测量电路与均衡电路共用同一个引脚（这样无法同时对两个相邻的单体电池进行均衡，也无法在均衡过程中进行电压测量）。
- 这些集成电路无法应用其他外部组件来协助均衡电路（对于大容量的电池组来说，集成电路的均衡电流过小）。
- 在进行主动均衡时，仅能对那些由单个集成电路控制的单体电池进行均衡（无法实现跨区域均衡）。
- 可进行全时间段均衡或底部均衡控制（只有充电末端的均衡和依据 SOC 历史记录的均衡算法才是有效的算法）。
- 没有进行均衡控制的器件（必须单独配备均衡控制设备）。

应避免使用那些与单体电池无法匹配的集成电路，这主要是因为

- 锂聚合物电池（LiPo）的工作电压是 3.7V，而磷酸铁锂电池（$LiFePO_4$）的工作电压是 3.3V，如果把两种电池混合起来使用，两者之间需要相互匹配，

且必须与厂商规定的特定电压相匹配。

- 如果您不打算在您的 BMS 中配备一个具有编程能力的处理器，那么需要配置一个程序编辑器。

应避免使用规范性较差的集成电路，这主要是因为

- 电池空载时的漏电流为 30μA，但当带载时其漏电流将达到 300μA。
- 电池电压精确度较差：不小于 25mV。
- 它们仅用一个简单的越限输出装置同时限制电池的充电和放电输出。

集成电路一般具有较复杂的电路结构，并且还需要大量的外部、内部组件，这些组件的成本甚至超越了集成电路的成本。然而，规范表明，在实际应用中，如果直接连接在电池上，BMS 专用集成电路需要 5 个或更多的额外组件才能获得较好的滤波和保护效果。避免使用那些靠虚假宣传、产品寿命周期短和粗制滥造的集成电路生产厂商的产品，这主要是因为

- 一些生产厂商对于 BMS 的态度或许比较随意，并且可能在你使用他们的产品搭建了 BMS 后，他们就不再提供你使用的那一类集成电路了。
- 根据订单生产的生产厂商可能根本就没有集成电路的库存，甚至他们都不在其供货商的客户名单中。
- 许多生产厂商为了保密，并不出版其集成电路使用规范，甚至在为客户提供产品使用规范时还需要签署保密协议。

## 5.1.2　BMS 专用集成电路的比较

图 5.1 是电池数量与 BMS 复杂程度的对比图。通过该图可以对 2010 年以来可应用的（或已经发布的）专用集成电路进行分析。BMS 专用集成电路可以按照以下方式进行分组：

- 适用于大容量电池组的半 BMS 集成电路（如图 5.1 的左边所示）：这一类集成电路专为大容量电池组所用的 BMS 设计，但是用户需要设计该 BMS 的剩余部分（这一类集成电路的用户刚好可以参考本章所讲述的内容）。
- 适用于小容量电池组的完整 BMS 集成电路（如图 5.1 下边所示）：这一类集成电路难以被集成于容量电池组的 BMS 中，因此一般情况下，应该避免使用这一类集成电路。
- 适用于小容量电池组的半 BMS 集成电路（如图 5.1 右下边所示）：对于大容量的电池组来说，这类集成电路既难以使用也不完整，所以要绝对避免使用此类集成电路。
- 适用于大容量电池组的完整 BMS 集成电路：尽管这类集成电路非常有限，但它的性能好、便于拓展升级，因此对于 BMS 设计者来说也是最理想的。

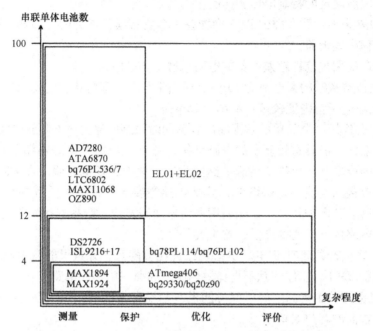

图 5.1　电池数量与 BMS 专用集成电路的复杂程度对应图

## 5.2　模拟 BMS 设计

大部分的锂离子电池模拟 BMS 都遵循一些相同的设计准则。本章将针对这些共同的准则进行探讨。

### 5.2.1　模拟调节器

如图 5.2a 所示，模拟调节器通常与锂离子电池并联，当电池满电时调节器会旁路掉一部分或全部充电电流。调节器相当于一个电压钳，其击穿电压也就是其开通电压，通常也被称作膝点电压（因为在调节器的电压-电流特性曲线中，这一部分的曲线形似一个突出的膝关节）。调节器在低于击穿电压的电压条件下（一般选择为略低于电池的上限电压）工作时吸收的电流几乎可以忽略不计。在高于击穿电压的电压条件下时，调节器开始旁路电流。一些调节器的特性较为刚性，也就是说当其工作电压大于击穿电压时，调节器将会旁路所有的充电电流，如图 5.2b 所示；而另一些调节器的特性则是柔性的，也就是说当其工作电压大于击穿电压时，其旁路电流从 0A 开始，并且随着电池电压的升高而逐渐增大，如图 5.2c 所示。

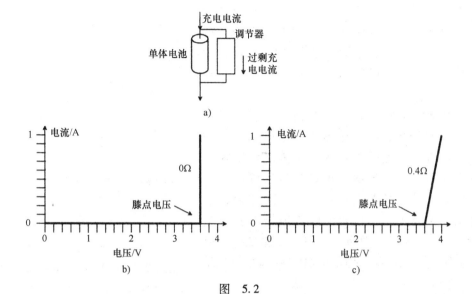

图　5.2

a）调节器与电池的并联图　b）理想调节器特性曲线（刚性）　c）理想调节器特性曲线（柔性）

### 5.2.1.1　齐纳二极管（稳压二极管）

开始时，用户可能会觉得齐纳二极管与调节器是一样的。但是实际上，在锂离子电池电压较低时，齐纳二极管具有一个非常柔软的膝点电压。此时齐纳二极管会旁路掉许多电流，这将导致电池的放电速度加快。例如，一个 3.6V 的齐纳二极管（假设与磷酸铁锂电池并联）将在电池达到标称电压 3.2V 时旁路掉 0.8mA 的电流，如图 5.3a 所示，这在实际使用过程中是不可接受的。但当电压

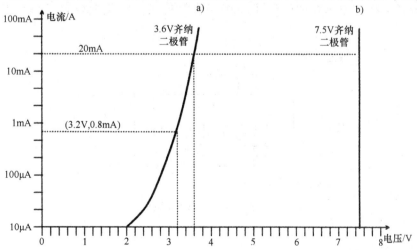

图 5.3　齐纳二极管特性曲线

a）3.6V　b）7.5V

为 6.2V 或更高时，齐纳二极管的特性就变得较为理想了。例如对于一个 7.5V 的齐纳二极管来说，在其工作电压低于其击穿电压时，旁路掉的电流是可以忽略不计的，如图 5.3b 所示。

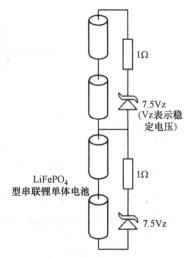

图 5.4　应用齐纳二极管作为两个单体电池的调节器

相比于非常便宜的调节器来说，用户可能更倾向于在每两节单体电池上应用一个齐纳二极管，这是因为在两个单体电池串联后的电压条件下，齐纳二极管具有较好的工作特性。通常情况下还需要串联一个电阻，这样可以柔化齐纳二极管的膝点电压并防止其过电流，如图 5.4 所示。这两个电池之间可能会有不均衡的现象，但是串联在一起对外则是另一种情况。

### 5.2.1.2　集成电路

在实际应用中，调节器并不使用齐纳二极管，而是应用一种较为通用的模拟集成电路和一些均衡分流电路来实现，如图 5.5 所示。集成电路或许是一个电压调节器、主控微处理器、主功率源又或者是一个电压检测器。如果不考虑其他因素，集成电路中至少需要包含两个元素：基准电压和电压比较器（或微分放大器）。当电池电压超过阈值时，电压比较器通过比较电池电压（通过电阻分压器测得的电压）与基准电压得出翻转状态信号作用于均衡分流装置，使分流装置开通或者关断。图 5.6 中给出了一个较为简单的应用集成电路搭建调节器的例子。

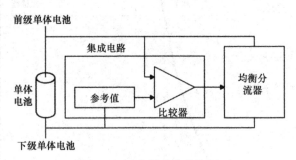

图 5.5　调节器基本结构图

## 5.2.2　模拟监控器

模拟监控器的主要作用是当电池电压过高或过低时，向外部系统发送指令切

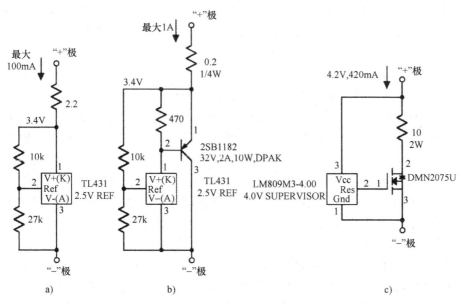

图 5.6 实际调节器的电路结构

a）线性，低电流 b）线性，高电流 c）数字，中电流

断电池的工作电流。模拟监控器通过限制输出的方式达到以上目的，限制输出的方式有很多种，例如低压限制（Low Voltage Limit，LVL）和高压限制（High Voltage Limit，HVL）。监控器无法识别是哪个电池的电压过高或过低，也无法实时的测量电池电压（尽管它可以通过 LED 显示灯来对用户发出警告）。

模拟监控器通常有分布式和就地两种结构。下面首先对分布式结构进行讨论。

### 5.2.2.1 分布式 BMS

分布式 BMS 的拓扑结构中通常为每个单体电池配备一个主控制器和一个并联电池电路。当单体电池的电压超过上限电压时，电池电路会向主控制器发送信号。每个单体电池电路只从属于其单体电池，因此其输出千差万别，所以这些电池电路无法直接连接在一起。为了解决此问题，要么对各单体电池电路的输出进行隔离，要么如在本书下个子部分中进行介绍的那样，在相邻单体电池之间设置一个电压步进电路。

单体电池电路的输出无论是应该常开（Normally Open，NO）并在故障时关断，还是应该常关（Normally Closed，NC）并在故障时打开，目前都有可靠的理论研究成果。所以，首先对这个设计问题进行讨论。

1. NO- 并行总线

当选择使用具有 NO 输出的单体电池电路时，所有的输出都应该以并行的方式进行。如果某个单体电池的电压超过上限电压时，其单体电池电路的输出就会关断，并且与公共总线进行短接。主控制器检测到这些行为，将切断电池电流，如图 5.7 所示。

并行总线结构存在着如下几个问题：

1）如果总线出现故障，那么主控制器就无法检测是否有电池超限。

2）当单体电池进行放电时，即使单体电池电路因低压限制触发了光电隔离器中的 LED 警告灯，主控制器也不会切断电路，而是加快单体电池的放电速度。

3）当单体电池的电压低至已经不足以驱动其单体电池电路时，低压限制光电隔离器也就失去了电源，这将导致主控制器误以为单体电池仍然处于正常工作状态，也就会允许系统对已经放空的单体电池继续进行放电。

2. NC- 串行总线

当选择使用具有 NC 结构的单体电池电路时，所有的输出必须采用串行的方式进行，并形成一个链状结构。如果某个单体电池的电压超过了其上限电压，其单体电池电路将会开启，开通整个链状结构。某个控制器会检测到上述状态，并及时切断电池电流，如图 5.8 所示。

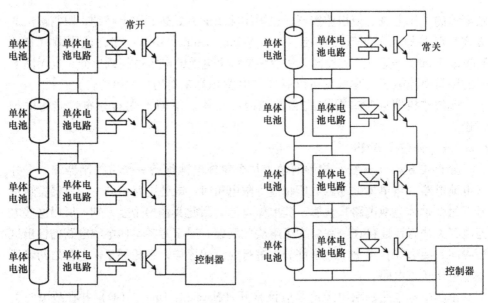

图 5.7　配备常开光电隔离器的并行总线结构　图 5.8　配备常闭光电隔离器的串联总线结构

很明显，NC 总线结构具有以下两个优点：

1）串行总线结构在电池板间仅应用两根导线（LVL 和 HVL），而并行总线结构则需要使用三根或四根导线（LVL、HVL 以及一到两根公共导线）连接到公共总线上。

2) 当电池电压过低而无法驱动其并联电池电路时, 双重限制输出就会开启, 并对电池的状态给出明确显示。

表 5.1 为两种限制输出对应的四种可能状态的真值表。由真值表可知, 不存在导致电池过充或者过放的模棱两可的状态。因此, 为了保证操作的正确性, 主控制器仅需要对两种限制进行如下规定:

- 低压限制线处于关闭状态时, 允许放电。
- 高压限制线关闭或者两条线均开路时, 允许充电。

**表 5.1 NC 串行总线高低压限制真值表**

| 电池电压 | 以 LiFePO$_4$ 型锂电池为例 | 低压限制 (LVL) | 高压限制 (HVL) | 允许操作 |
|---|---|---|---|---|
| 极低 | <2.0V | 打开 | 打开 | 充电 |
| 较低 | 2.0~2.5V | 打开 | 关闭 | 充电 |
| 正常 | 2.5~3.6V | 关闭 | 关闭 | 充放电 |
| 过高 | >3.6V | 关闭 | 打开 | 放电 |

然而, 在串行总线结构中也存在着如下一些问题:

1) 内置双极性结型晶体管的光电隔离器在导通时存在着一定程度的电压跌落。当很多的光电隔离器进行串联时, 这些电压会迅速的叠加到几伏甚至几十伏, 该电压很容易就会超过主控制器的电源电压 (例如, 12V)。

2) 单体电池的工作电压正常时, 两种光电隔离器的 LED 指示灯均处于供电状态, 即使电池组处于非工作状态时, LED 指示灯也处于点亮状态, 这将造成严重的电能浪费。

3) 当短时的短路电流流过某个电池板、总线或从总线流至某个供电线路时, 均会造成主控制器无法检测单体电池的电压是否超限。

由前文可知, NO 并行总线结构和 NC 串行总线结构都存在着一定的缺陷。在这里需要强调的是, NO 并行总线结构的第三个缺点非常重要, 因为它是不能被接受的。因此, 建议选择应用 NC 串行总线结构, 接下来我们就如何减小其缺陷带来的危害进行讨论。

对于 NC 串行总线结构的第一条缺陷, 可以选择使用高于所有光电隔离器开通时全部跌落电压之和的电压作为供电电源, 从而达到对组串正极补偿的目的。电池本身就是满足这个条件的可用供电电源, 但如果使用电池本身作为供电电源, 那么就会造成光电隔离器的隔离效果失效。另一种解决方案是使用带有 MOSFET 输出的光电隔离器, 并降低总线电流。这样就可以使每个光电隔离器的电压跌落非常小, 甚至可以忽略不计, 如图 5.9a 所示。还有另外一种解决方案就是使用继电器 (其电压跌落为 0) 来代替光电隔离器, 如图 5.9b 所示。但是,继电器的价格昂贵，且其线圈比光电隔离器更损耗电能，这就又使第二个缺陷更加恶化。

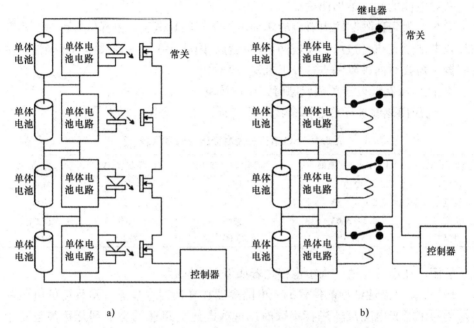

图5.9 低电压跌落的串行总线结构

a）MOSFET 光电隔离器 b）继电器

一种较为新颖的解决方案是利用电流源在并联电池电路之间产生阶梯电压，如图 5.10 所示。电流源处于常开状态，当电池电压超限时关断。将电流源的输出电流设计成低于可驱动光电隔离器 LED 的电流，这样就可以减少从电池获得的电荷量。如果把电流源设计成只在 BMS 工作时开通（或者每秒只开通几个毫秒），就可以在电池不工作时最大限度地减小电能损耗，这样的设计效果更好。最容易的办法就是使用光电隔离器，在总线尾端设置一个光电隔离器把电池和主控制器隔离起来。

在实际应用中，并行总线结构的第三个缺陷（串行总线短路问题）在串行总线结构中发生的概率较低，这使得串行总线结构更加可靠。为了进一步地降低风险，可以选择使用调制串行总线输入的方式，此时即使总线与电源线发生短路，主控制器也仍然能够检测到电池的电压是否超限，如图 5.11 所示。控制器通过发生脉冲来驱动总线，同时接收脉冲的返回信号。如果控制器没有接收到返回信号，或许是因为并联电池电路检测到电池电压超限，链结构断开，或许是因为总线与电源线短路。无论是哪种情况，BMS 都会切断电池的工作电流。

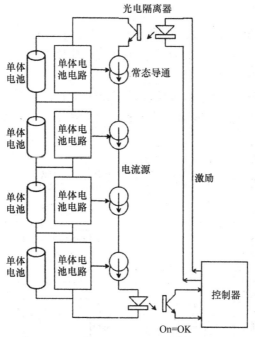

图 5.10　配备电流源进行隔离的串行总线结构，非工作状态关断

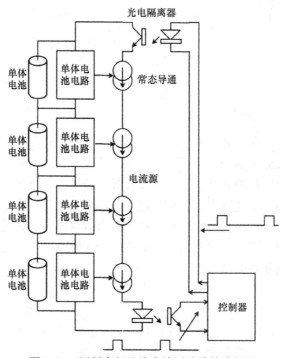

图 5.11　调制串行总线来检测总线故障框图

### 3. 单总线结构

理想状态下，两种限制输出电路（HVL 和 LVL）通过路由器分别对充电设备和负载进行关断，如图 5.12a 所示。但在实际应用中，为了简化电路，可能会将 HVL 和 LVL 输出电路整合成一根单独的超限输出线路（Out Of Bounds, OOB），来同时关断充电设备和切断负载，如图 5.12b 所示。这样做的好处是用一根总线代替了原来的两根线缆，既节省了配件成本，也减少了总线线缆数量。

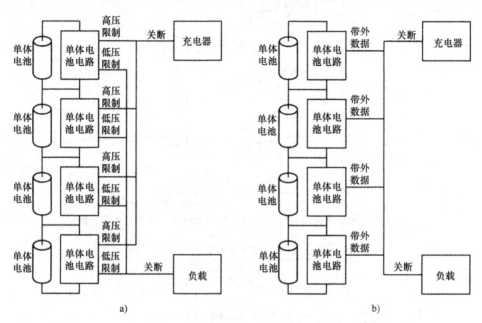

图　5.12

a）两种总线结构：HVL 与 LVL　b）单 OOB 总线结构

然而，如果某一个电池的电压过低，将会出现 OOB 总线关断、充电设备失效、电池无法再次充电的僵局。当使用大电流负载时，这个问题就不存在，因为电池电压将会低于负载的电压，从而切断负载，经过一段时间恢复后，充电设备将重新工作。同理，充电后也不会出现问题，因为如果某一个电池的电压过高就将关断充电设备，然后很快恢复稳定，再次为负载供电。这种情况如果出现电池停用很长一段时间，某一个电池的电压过低，导致 OOB 总线关断的情况，就会发生上述僵局。电池将无法继续进行充电，此时，就需要用户强制恢复 OOB 总线才能重新启动充电设备，如图 5.13 所示。

这种情况的一种解决方案是使用定时器，在充电设备刚启动时忽略掉 OOB 线路。但这是存在风险的，因为在重复的开启和关断充电设备时，定时器也会一次又一次的重启，很可能会使电池过充。另外一种解决方案是在 OOB 线路中寻找某种过渡，从而保证在 OOB 线路关断时实现对充电设备的控制。这也存在一定的风险，因为某些噪声可能会对充电进行干扰。如果因为一些原因导致过渡消失，那么充电会继续进行，最终会损毁电池。因此，本书强烈建议在 BMS 中使用两条相互独立的线路。

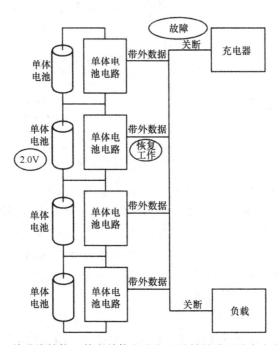

图 5.13　单总线结构，某个单体电池电压过低导致无法充电的故障图

### 4. 电池电路

传统的模拟单体电池电路包含一对探测器：一个用来检测低电压并输出 LVL 信号；另一个用来检测高电压并输出 HVL 信号。有很多种方法可以实现这个单体电池电路。下面就对前文提出的问题进行举例说明，如图 5.14 所示。

图 5.14 给出的单体电池电路包括：一个应用大阻值高精度电阻实现对电池电压信号采样的电阻分压器；一个工作在 1.8V 以下可以提供精准 1.25V 参考信号的电压基准器；一对工作于 2.0V 以下且几乎不消耗供电电流的比较器集成电路和一对使用达林顿管输出来控制 LED 小电流和复制 LVL 和 HVL 信号给系统其他部分的光电隔离器。

为了提高串行总线的兼容性，两个光电隔离器均采用 NC 总线结构；当单体电池电压正常时两者均处于开通状态，当单体电池电压超限时其中一个会关断。

当单体电池正常工作时，单体电池电路理论上将会从电池中吸收 300μA 的电流（两个隔离器各 100μA，电路的其余部分 100μA），在这样的电流损耗下一

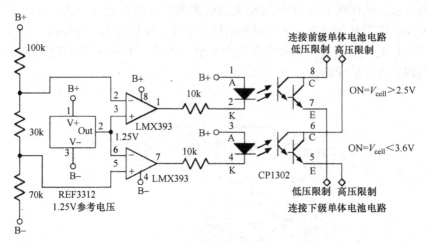

图 5.14　模拟监控器单体电池电路

个 10A·h 的电池大约可以使用 3 年。当电池电压超限时，单体电池电路只需要吸收大约 200μA 的电流。在这样的电流损耗下，一个 10A·h 的单体电池电压在几周后就会将至 1.8V 以下，此时为了防止单体电池过度放电，集成电路将会关断，具体参见表 5.1。由表 5.1 可知，主控制器将会检测到 LVL 和 HVL 总线均打开，也就是说此时某一个单体电池的电压太低以至于无法驱动其电路，此时控制器将会启用充电设备进行充电。

### 5.2.2.2　就地式 BMS

在就地式电池管理系统的拓扑结构中，通过一个简单的电路可对小容量电池组中的所有单体电池进行管理。在管理过程中，每次只监控一个单体电池电压，再通过一对电压比较器对该电压进行分析。这样做可以降低系统的成本，并减少系统组件的数量。虽然该种方案能够在电子学上防止单体电池的电压过高，但只能应用于由少量单体电池（通常为 4 ~ 12 个）串联形成的电池组串中。

1. 通用集成复用电路

为了能够准确测量单体电池电压，用户可以使用一对 4:1 的多路复用器，再接一个差分放大器来对采样电压进行取差分析，其中多路复用器的输出电压与单体电池实际电压成一定的比例关系，如图 5.15 所示。差分放大器必须能够管理整个电池组的电压（差分放大器通过电阻分压器实现该功能，电阻分压器在减少采样电压公差的同时也增加了采样电压的误差）。通过一个时钟和一个计数器对每个单体电池依次进行检测。

应用快速电容器来对某一个特殊的单体电池电压进行采样时并不会遇到前文提到的限制，其电路结构如图 5.16 所示。开始时，快速电容器与被测单体电池并联对其电压进行采样，此时开关开至左侧。然后，将快速电容器与采样电容器

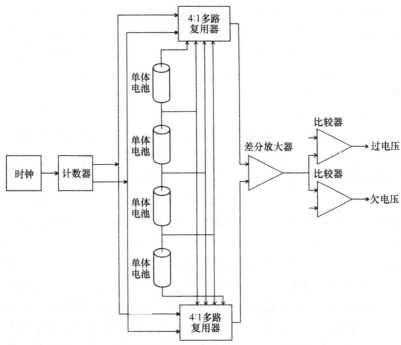

图 5.15　多路复用器和差分放大器组成的模拟监控器

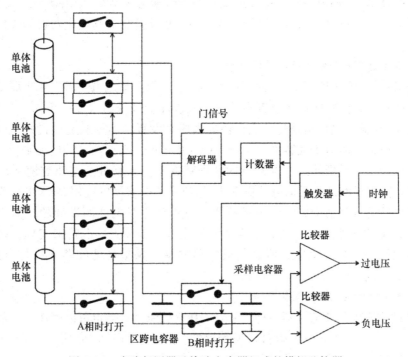

图 5.16　多路复用器及快速电容器组成的模拟监控器

并联，将测得的采样电压传递给采样电容器，此时开关开至右侧。对每一个单体电池重复测量几次，从而保证采样电容器电压等于单体电池电压。接下来进行对比分析，再对下一个单体电池进行采样，依次进行。这个电路的优点是不存在电阻，也就是说不会引入电压误差，缺点是要对每一个单体电池电压进行采样，采样时间较长。

2. LTC6801 故障检测器

Linear Technology 公司开发的 LTC6801 故障检测器可以提高数字 BMS 检测的可靠性及冗余性，从而保证电池能够在安全区域内工作。但是，此集成电路用作模拟监控器的核心部件只能由其公司自行开发。即使如此，此集成电路实际上仍旧属于数字型 BMS，本书将它放在这里当作模拟 BMS 介绍是因为它并不向外发送电池电压，完全可以被当作一个黑盒子使用。从这个意义上来说，它和其他的模拟 BMS 也没什么特别之处。

图 5.17 所示是一个包含了一串 LTC6801 的电路结构，每一个集成电路管理 4～12 个串联的电池。主控制器给电路发送一个时钟信号，然后再把该信号接收回来。如果检测到某个电池超过了其工作安全区域时，集成电路就会关断相应的时钟信号。主控制器如果没接收到时钟的反馈信号，就会知道某个电池出现了问题（虽然不知道是哪个电池出现问题，也不知道出现的问题是电压太高、太低还是温度过高）。阈值与延迟均通过编程的方式被嵌入到输入引脚中。而且，应用印制电路板（PCB）就可以进行编程，所以也不需要为集成电路再另外配备编程工具。

3. MAX1894/MAX1924 型保护器

Maxim 公司生产的 MAX1894/MAX1924 系列保护集成电路可以为串联的 3 或 4 节标准锂离子电池或 LiPo 型锂离子电池提供保护（通过设置一个 4.2V 的上限截止电压）。截止电压可通过厂商提供的程序来设置，但是通过设置截止电压的方法进行保护可能对于大容量的电池来说效果还好，对于其他的电池来说，效果就不是很好。此系列的两个保护器的区别就在于能够管理的电池数量（3 或 4）以及在切断电压时的滞后时间。图 5.18 给出了一个典型的应用 MAX1894 型保护器及其附件的电路结构。尽管该保护器是为 4 节串联电池而设计的，但也可以嵌入大容量的电池组中通过为每 4 个电池设置一个独立的电路来实现，每 4 个串联电池用一个集成电路，所有集成电路共享一条单独的线路来进行充放电，如图 5.19 所示。

4. MAX11080 故障检测器

与 LTC6801 故障监控器一样，MAX11080 故障监控器也可以用作一个简单监控器的核心部件。MAX11080 故障监控器的电路结构如图 5.20 所示。Maxin 公司生产的监控器之间所用配线更少。

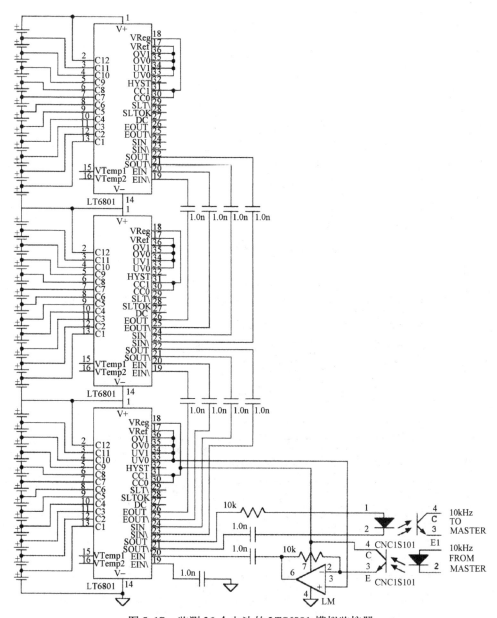

图 5.17　监测 36 个电池的 LTC6801 模拟监控器

## 5.2.3　模拟均衡器

　　模拟均衡器具有一个 BMS 的所有核心功能。它与模拟监控器类似（均具有防止电池电压过高或过低的功能），但还能实现对电池的均衡控制，详见 5.4.5.1 小节所述。与数字型均衡器相比，模拟均衡器无法判断哪个电池的电压

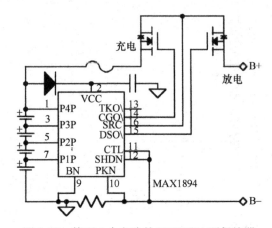

图 5.18　管理 4 个电池的 MAX1894 型保护器

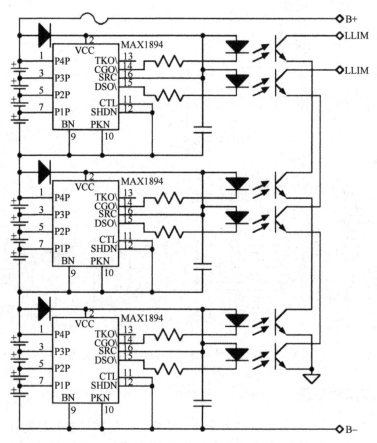

图 5.19　管理 12 个电池内置 MAX1894 的监控器

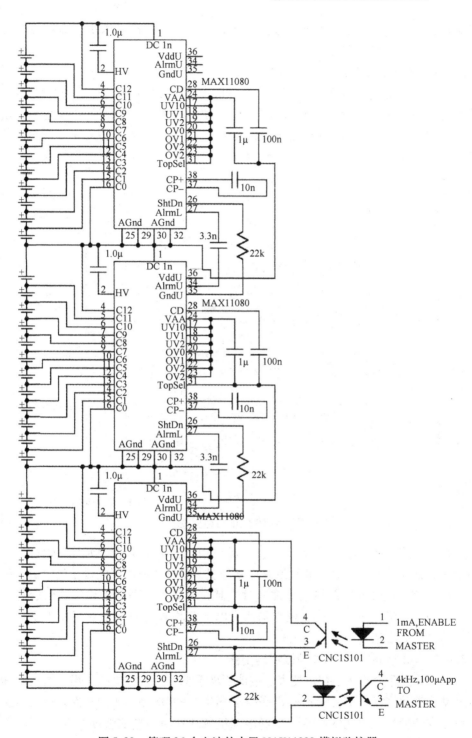

图 5.20 管理 36 个电池的内置 MAX11080 模拟监控器

过高或过低，也无法检测电池的实际电压。用户可以利用通用集成电路或 BMS 专用集成电路来设计模拟均衡器。

### 5.2.3.1 通用集成电路

图 5.21 所示是一个使用通用集成电路搭建的分布式模拟均衡器的电路结构。此电路结构与图 5.14 所示的模拟监控器的电路结构相同，但是图 5.21 所示的电路结构中又附加了额外的一个通路。该通路在某电池电压超过均衡电压时会开通所搭配的负载用于对单体电池进行均衡。

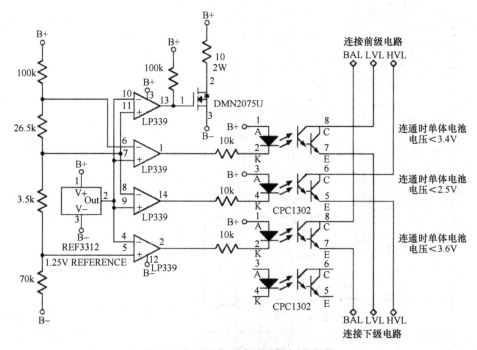

图 5.21　通用集成电路型模拟均衡器

只有在使用使充电电流低于均衡电流的充电设备时才需要设置均衡母线，通过旁路的方式为电池分流。如果没有均衡母线，就不能减小充电设备的电流；那么，BMS 就只能进入到每隔几分钟就对控制充电设备开断的工作模式，通过占空比的调节，保证充电平均电流与均衡充电电流相等（时间常数以及占空比根据单体电池的松弛效应进行设定）。

### 5.2.3.2 DS 系列，DS2726 型模拟均衡器

Maxim 型保护器在小容量锂离子电池管理系统中具有重要的作用，这种电池管理系统需要搭配 Dallas Semiconductors 公司生产的 DS 系列集成电路。这种保护器可以在任何情况下为 5～10 个串联电池组成的锂离子电池组提供保护。DS 系列产品中，DS2726 可以管理的电池数目是最多的。DS2726 是一个独立的、可提

供可靠均衡电流的模拟均衡器，其的基本结构如图 5.22 所示。

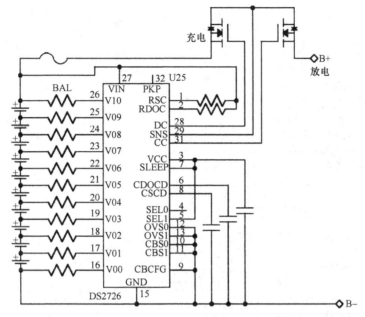

图 5.22　管理 10 个电池的 DS2726 型模拟均衡器

　　DS2726 是专门为标准锂离子电池（锂钴电池）或 LiPo 电池设计的，其上限关断电压为 4.2V。DS2726 的阈值电压和延迟时间通常由所选择的电路板引脚定义决定，因此不需要搭配使用编程设备。充电末端均衡需使用外部电阻，最大均衡电流为 300mA。因为电池电压的测量和均衡共用引脚，所以测量和均衡不能同时进行。当在大容量锂离子电池组中应用 DS2726 时，每个集成电路装置可以监控 10 个电池，并对其进行均衡。同时每个集成电路的充放电输出需要用一个总的限制输出条件来对其进行限制，如图 5.23 所示。

### 5.2.3.3　应用于电池管理系统前端的 bq76PL536

　　本章之前介绍了 Linear Technology 公司生产的 LTC6801 和 Maxim 公司生产的 MAX11080 作为数字型监控器因无法输出电池电压而被用作模拟监控器一部分的实例。与此类似，Texas Instruments 公司的 bq76PL536 作为 BMS 前端的数字型均衡器，在单独使用时，同样可以用作模拟均衡器的核心部件。该集成电路可以管理 3~6 个串联电池，如果 32 个这样的集成电路级联最多可以管理 192 个串联连接的单体电池。该电路包含 3 个 SPI 总线接口：一个用来连接主计算机（但此接口不能单独使用），其余两个用于与相邻的集成电路进行级联。该集成电路应用不同的引脚实现对单体电池电压的测量和均衡功能（需要使用额外的组件），且性能良好。

　　图 5.24 所示是一个应用 3 个这样的集成电路对 18 个电池进行均衡管理的例

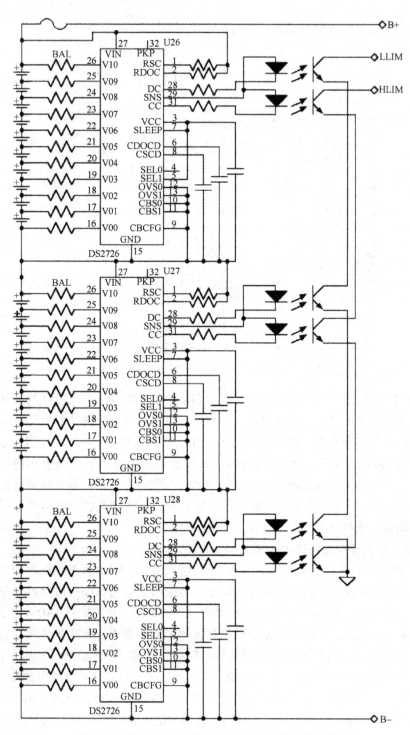

图 5.23　管理 30 个单体电池的 DS2726 模拟均衡器

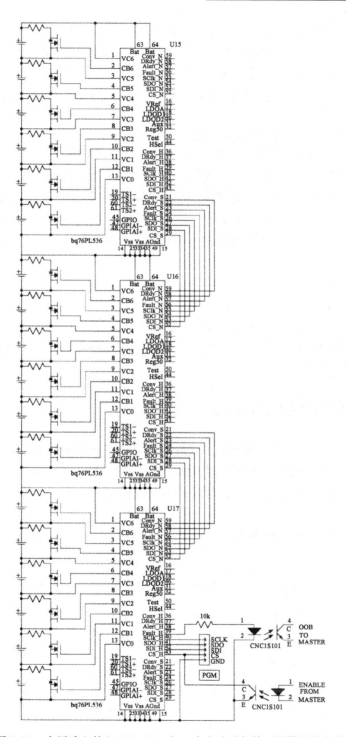

图 5.24　应用独立的 bq76PL537 对 18 个电池进行管理的模拟均衡器

子。对内,集成电路以数字形式运行;对外,只有两根专用线:一根用于驱动电路(不用时,它几乎不吸收电流),另一根用于传输状态信号,判断是否一切正常或一些参数超限。首次设置 BMS 时需要在配置端口连接数字程序编辑器。

在 5.4.1.2 节中将会介绍此集成电路在数字 BMS 中的应用。该集成电路预计在 2010 年末发售。

### 5.2.3.4 应用于电池管理系统前端的 bq76PL537

Texas Instruments 公司生产的 bq76PL537 与 bq76PL536 几乎完全相同,唯一的不同是前者采用主动平衡,而后者采用被动平衡。开始时,用户可能会觉得主动均衡策略较好,但是现实中小功率的主动均衡器效率较低,详见 3.2.3.3 小节所述。此外,在此处应用主动均衡对系统并无帮助,因为一个集成电路只能用于均衡与其相连接的单体电池,而对于组串内的其他单体电池并不起到均衡作用。

### 5.2.4 模拟保护器

模拟保护器的功能与模拟均衡器类似,但还具有能够切断电池工作电流的电源开关。无论对于模拟系统还是数字系统,此开关都是相同的。这些内容将在 5.4.6 节中详细介绍。

## 5.3 现有的数字 BMS 设计

研制 BMS 最快且风险最小的方式就是从一个既有的设计好的产品入手。每个 BMS 都可以根据实际的特殊需求对其进行应用、适应和扩展升级。有些开源项目直接选用标准的集成电路,其余的则全部使用现有的电池管理系统芯片来实现。

表 5.2 就目前已有的可用设计进行了一个对比。

表 5.2 已有 BMS 的设计对比

| | Atmel | Elithion | Perkins | Texas Instruments | |
|---|---|---|---|---|---|
| 编号 | ATmega406 | E01/EL02 | V 系列 | bq29330 + bq20z90 | bq78PL114 + 4 × bq76PL102 |
| 类型 | 可编程集成电路 | 芯片集 | 通用开源集成电路 | 芯片集 | 芯片集 |
| 最大电芯数/电池组 | 4 | 255 | 255 | 4 | 12 |
| 集成电路/电芯数 | 1/4 | 1/1 + 1 主控 | 1/1 + 1 主控 | 2/4 | 2/12 |

（续）

|  | Atmel | Elithion | Perkins | Texas Instruments | |
|---|---|---|---|---|---|
| 均衡电路① | 被动均衡<br>公共引脚<br>外部电阻器<br>2mA 电流 | 外部均衡专用<br>引脚被动均衡<br>（电阻）或主动<br>均衡（DC-DC）<br>任何电流 | 外部电路专用<br>引脚被动均衡<br>（电阻）或主动<br>均衡（DC-DC）<br>任何电流 | 被动均衡<br>外部电路<br>10mA 电流 | 主动均衡<br>公共引脚<br>外部 LC 电路 |
| 3.6V 准确性 | 58mA | 15mA | | | 15mA |
| 温度传感器 | 每个单体<br>电池一个 | 每个单体<br>电池一个 | 每个单体<br>电池一个 | 一个 | 每个单体<br>电池一个 |
| 通信 | 12C/SMB | CAN，RS232 | RS232 | 12C/SMB | 12C/SMB |
| 集成电路成本② | 0.9 美元/<br>单体电池 | 3 美元/单体<br>电池 +20 美元<br>主控 | 1 美元/单体<br>电池 +10 美元<br>主控 | 1.4 美元/<br>单体电池 | 1.25 美元/<br>单体电池 |
| 全部成本③ | 1.10 美元/<br>单体电池 | 4.5 美元/单体<br>电池 +50 美元/<br>系统 | 5 美元/单体<br>电池 +20 美元/<br>系统 | 1.9 美元/<br>单体电池 | 3 美元/<br>单体电池 |
| 实用性④ | 优秀 | 好 | 优秀 | 优秀 | 差 |

① 采用公共引脚可减小引脚损失，但是在均衡中会产生服务限制。例如，相邻均衡负载无法同时运行。

② 并不是每个单体电池的花费最低就最经济，一些集成电路需要很多的额外部件，成本随着零件数量骤增。

③ 大量样本下所有组件成本的粗略估计。

④ 直至本书发表时的可用性。

## 5.3.1  ATMEL 公司生产的 BMS 处理器

ATMEL 公司生产的 ATmega406 实际上是包括外围设备的一个全微处理器，可以管理小容量的锂离子电池。其外形类似于 TI 芯片，但是它需要用户编写内部程序。此芯片的优点如下：

- 一个芯片至多可以管理 4 个串联的锂离子单体电池。
- 可以通过编程的方式实现对锂离子电池的智能管理。
- ATmega406 几乎不需要额外的保护组件。
- 应用板载 MOSFET 和外部电阻可以实现对电池的均衡控制。
- 具有剩余电量检测功能（表现在 SOC 和 DOD 计算上）。
- 对外使用 SMB（Server Message Block）串行接口。

其缺点主要如下：

- 无法应用于大容量电池组，最多只能管理 4 个单体电池。
- 对于通过 OCV 方法来进行 SOC 估算来说，58mV 的精度有点偏低；

● 对于大容量电池组来说，2mA 的均衡电流不足。

## 5.3.2 Elithion 公司生产的 BMS 芯片集

Elithion 公司生产的芯片集作为 Lithiumate BMS（参见4.3.2.2 小节）的核心与其搭配组成 BMS，该 BMS 只能实现既定应用场景所需的功能。

该芯片集的使用过程如下：

1）用户首先安装现有的 Lithiumate BMS，并确认它能满足需求。

2）用户与 Elithion 公司签订关于知识产权的保护协议。

3）Elithion 公司将会为用户提供 Lithiumate BMS 的设计文件。当然，如果用户需要，还可以根据用户的实际应用需求对 Lithiumate 设计进行改进。

4）用户可使用从 Elithion 公司直接购买的 Lithiumate 集成电路建立自己的 BMS 生产线。

使用这个芯片集的优点是 Lithiumate BMS 是一个规模化的、可直接利用的（详见4.1.2.2 小节）有良好应用记录的精良的电池管理系统。一个优秀的技术员可以在一周内实现 Lithiumate BMS 的购买、安装、调试和检测等工作。相比于其他现有的 BMS 来说，尽管他们可以提供评价模型，但 Lithiumate BMS 可以保证用户在短时间内决定其是否能够满足自身的使用需求。然后稍作加工，一个应用此芯片集的 Lithiumate BMS 就组装完成，用户可以根据自己的意愿对其命名，并进行相关标识，如图5.25 所示。此芯片集的优点如下：

● 能实现对 1~255 个串联单体电池的管理（最大1000V）。

● 没有对电池容量和电流的限制。

● 单体电池安装板只有一条链状线路，所需的安装控制空间较小，线束排列整齐，安装难度较低。

● 芯片集包含两组集成电路：一组 EL01 用于串联电池组中的每个单体电池，另一组 EL02 用于 BMS 控制器。

● BMS 的控制器能够完全满足系统的需要。

● BMS 可以输出每个单体电池的实际工作电压和温度。

● BMS 具有剩余电量检测功能（SOC 和 DOD）并且可进行 SOH 估算。

● BMS 可以通过外部组件实现对单体电池的均衡管理（可以实现主动均衡）。

当然 Elithion 提供的解决方案也有局限性，具体如下：

● 算法程序不能嵌入 Texas 公司生产的芯片中。

● BMS 不是完全集成的。要构成一个完整的电池电路板还需要增加 14 个外部组件。

● 相比于其他的方案，该方案成本较高。如果提高产品质量，芯片的成本为 3 美元/每节单体电池，如果再加上控制器的成本（大约 50 美元），那么整个

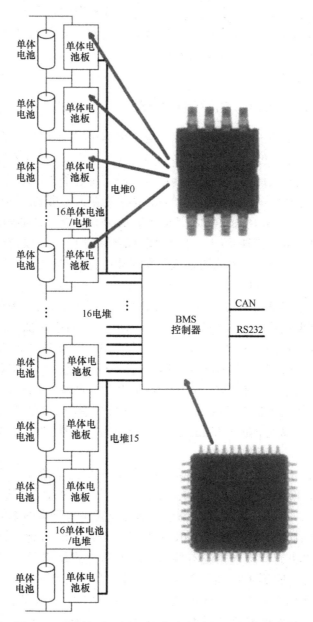

图 5.25　使用 EL01 和 EL02 集成电路的 BMS 前端模块图

系统的总成本 5 美元/每节单体电池。

## 5.3.3　National Semiconductors 公司生产的成套 BMS

National Semiconductor 即将发布一组可以用于大容量锂离子电池组管理系统

解决方案的芯片集。作为较晚进入到锂离子电池管理领域的公司，其不仅提供模拟前段系统（如 Lithium Technology），还有为小容量电池设计的管理系统（如 Texas Instruments）。它是第一家也是唯一一家为客户提供完整成套的大容量锂离子电池组管理系统的半导体公司。

### 5.3.4 Peter Perkins 生产的开源 BMS

现在很多组织或多或少的都在积极追寻开发 BMS 开源项目，只有 Peter Perkins 完全致力于开发 BMS 开源项目。Peter Perkins 并不是一个工程师。他 48 岁，是一位英格兰北约克郡的警官，而且他也没有任何在电子学和编程方面的正式资格证书。但是，他非常的勤奋和聪明，且在很多专业人士都陷入困境的领域中取得了成功。在将 Bedford Rascal 厢式货车改装成由太阳能和风能辅助的货车时，他需要一个锂离子电池管理系统，却发现没有合适的 BMS 可以使用。因此他自己设计了分布式的均衡器，并将自己设计的 BMS 改进成适用于各种场合应用的产品提供给了那些有需求的人。

该 BMS 仅仅是家庭手工制作而成，在 2003 年开始制作时，他还是英国一个组织的成员。该组织购买了一些 Thundersky 公司生产的第一批电池。当时这个组织的成员还有 Dennis Doerffel（他建立了 REAP——详见 4.1.2.2 小节）和 Cedric Lynch（他致力于开发 Agni 模拟均衡器）。Peter 是一个非常聪明的合作伙伴，他懂得如何利用自己的天赋。他利用继电器和老式 386 笔记本电脑开发了第一台 BMS，解决了很多需求。Peter 在 Picaxe 微处理器的基础上开发了他的第二台 BMS。当然，他是在 Battery Vehicle Society 论坛人员的帮助下完成 BMS 的，尤其是 Greg Fordyce 提供了很多帮助。

Peter 开发的 BMS 是一个精密的数字型锂离子电池均衡器，目前最多可以管理由 256 个棱形单体电池组成的电池组，如图 5.26 所示。这种 BMS 可以是分布式结构也可以是集中式结构，每个电池板电路由其管理的单体电池进行供电，具有测量单体电池电压和以 300mA 电流均衡控制的功能，但是没有测量电池工作温度的功能。从主控制器伸出两根环状链式结构导线与每个电池电路板相连，最后再回到控制器。该系统包括一个电流感应器（用于 SOC 估算），一个 RS232 端口和一个显示装置。该系统的成本很低：一个管理 16 个单体电池的电池管理系统的成本仅仅只需要 100 美元的零件费用，并且它的组装也很方便，只要有基本焊接能力的工作人员就可轻松完成。同时因其软件可以随时改进来适应不同用户的需求，该系统使用起来非常灵活。Peter 和 Greg 已经搭建了两套这样的 BMS 样机，其余的也会陆续开始搭建。读者可以通过 http://batteryvehiclesociety.org.uk/forums/viewtopic.php? t = 1245 对这款 BMS 的设计信息进行了解。

图 5. 26　Peter Perkins 的电池管理系统

此后，Peter 买了他心仪的太阳能货车（Solarvan），目前正致力于将 Honda Insight 系统移植到混合动力电动汽车上，目前该车的时速已经达到了 150mile/h。

## 5. 3. 5　德州仪器公司生产的 bq29330/bq20z90

德州仪器（Texas Instruments）公司实际上是小容量锂离子电池管理系统集成电路方面的领导者，其产品在电话及笔记本电脑上均有较多应用。Texas Instruments 公司于 1999 年收购了 Unitrode 公司，开始涉足电池管理系统领域，而 Unitrode 公司此时刚刚收购了电池管理系统集成电路的领军公司——BenchMarq 公司。因此，其集成电路型号的前缀仍旧是 bq，和在 Benchmarq 公司时一样。但其大部分产品最多只能管理 4 节串联的单体电池。

应用 bq29330 和 bq20z90 两个型号的集成电路可以搭建出一套完整的 BMS，其典型应用如图 5. 27 和图 5. 28 所示。这两块电路的优点如下：

- 应用了当今商业可应用的最优秀的算法实现了对锂离子电池的管理。
- 辅助集成电路可以为电池提供充足的强力保护。
- 几乎不需要额外的组件。
- 应用板载组件实现对单体电池的均衡管理（也可应用外部负载）。
- 具有超过 1% 精确度的估算特性（在 SOC 和 DOD 的计算上）。
- 包含一个 SMB 串行接口。

其缺点如下：

- 均衡电流非常小。虽然可以通过应用外部 MOSFET 来增大电流，但是实际上并没有足够的引脚来驱动 MOSFET，因此其均衡特性受到限制。

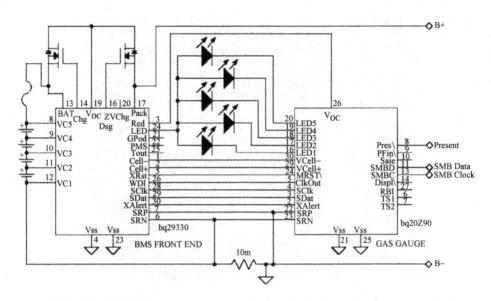

图 5.27　Texas Instruments 的 bq29330 和 bq20z90 构成的 4 电池保护器

　　不幸的是，2008 年以来，TI 的应用工程师们不再建议客户将这两种集成电路强行应用于大容量电池组中，因为这样使用的效果并不是很好（Vectrix 摩托车使用的是 26650 型磷酸铁锂电池，每 4 个单体电池经串联后形成一个小容量电池组，使用 TI 公司的集成电路进行管理，为了弥补 TI 集成电路均衡效果不理想的情况，在每个电池上又增加了一个调节器，同时为便于对这些调节器进行管理，又增加了一个主控制器，但是即使这样也没有得到令人满意的结果）。这种集成电路只在为其专门设计的电路条件下才能表现出最佳的特性，即应用于小容量，4 个电池串联的电池组电池，但它非常不适用于大容量电池组。

　　尽管理论上用户可以基于该集成电路集通过设置从属电路的方式来对 4 个串联电池进行管理，但是在实际应用中同样会有如下的限制：

　　● 所有的 TI 集成电路均应用相同的 I2C ID，因此它们不能安装在同一条母线上。需要引入多路复用器从而保证主控制器每次可以和一个从属集成电路进行数据通信。

　　● 每一个集成电路都需要配备一个小电流感应电阻，并且为了保证它能在单独的、大电流传感器下正常工作还需要跳过很多环节。

　　● 在大容量电池组中，主控制器通过单独的、大电流传感器来对电流进行测量。但是该芯片集并不知道测得的电流是什么，因此该芯片集可以估算电池状态的精密算法就变得毫无用处。

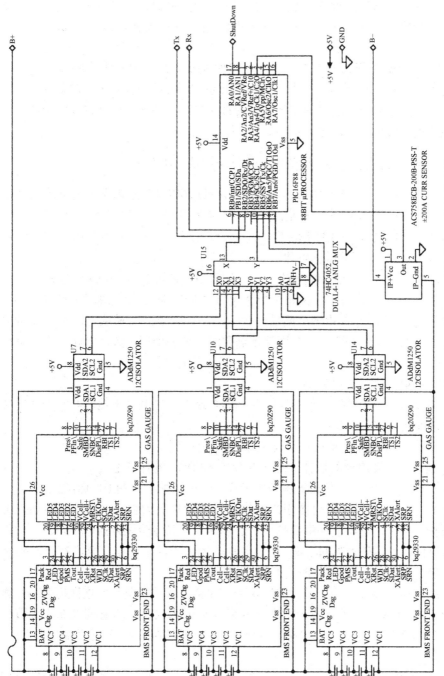

图 5.28　Texas Instruments 的 bq29330 和 bq20z90 构成的 12 电池管理器

● 一些用户可能会通过为每个单体电池增加电流传感器和从电路的方式来激活这些算法，这也就意味着芯片需要与小电阻分流器并用，但这些芯片是无法与大型分流器并用的。此外，每个从电路的电流分流器会造成令人无法接受的损耗。

● 每个从属单元都具有自己的、独特的控制方法，因此主控制器与从属单元之间可能无法很好地协同工作。例如，因为芯片中并没有对于外部负载控制的预先设定，主控制器无法对均衡负载进行直接控制。因此不推荐在大容量电池组的电池管理系统中应用此芯片集。

## 5.3.6 德州仪器生产的 bq78PL114/bq76PL102

Texas Instruments 公司生产的 bq78PL114/bq76PL102 是包含了主动均衡功能的唯一用于商业化的 BMS 芯片集。bq78PL114 芯片至多可以管理 4 个单体电池。通过增加一个或更多 bq76PL102 芯片（每个可以管理两个单体电池）的方法最多可以管理 12 个串联的单体电池。

如图 5.29 所示就是一个使用一个 bq78PL114 和两个 bq76PL102 芯片对 8 个单体电池进行管理的例子。在 8 个单体电池之间配备有 7 个由芯片控制的 DC-DC 变换器，负责在单体电池之间的能量传递。一个小型的板载电阻负责测量电池的电流。两个 MOSFET（一个用于充电方向，另一个用于放电方向）充当保护开关。

此芯片集的优点主要如下：

● 主动均衡采用两个 MOSFET 和一个 LC 装置，在某个电池和与它相邻的两个电池之间进行能量传递。

● 目前商业可用的最优的锂离子电池管理算法。

● 优于 1% 精确度的估算特性（在 SOC 和 DOD 的计算上）。

● SBM 串行接口（可以扩展到用于笔记本电脑的电池的 $I^2C$ 标准）。

TI 的应用工程师或许会使用户相信这个芯片集是大容量电池组管理系统的理想选择。但是，也不能一概而论。该芯片集在为其专门设计的电路条件下效果还是很好的：适用于小容量、有 12 个串联电池组成的电池组，且具有主动均衡功能。但它并不适用于大容量电池组的管理系统中。

然而，用户或许理论上可以基于这个芯片集设置从属单元，这样每个芯片就可以管理 12 个串联的单体电池，那么如果这样做的话，你会遇到在 5.3.5 节中提到的和 bq29330 和 bq20z90 芯片集类似的全部限制，而且还要加上以下这一条：

● 主动均衡电路可以在一个从属单元管理的 12 个单体电池之间进行电荷传递，却无法在相邻的从属单元间进行，这将会导致每 12 个串联单体电池组成的

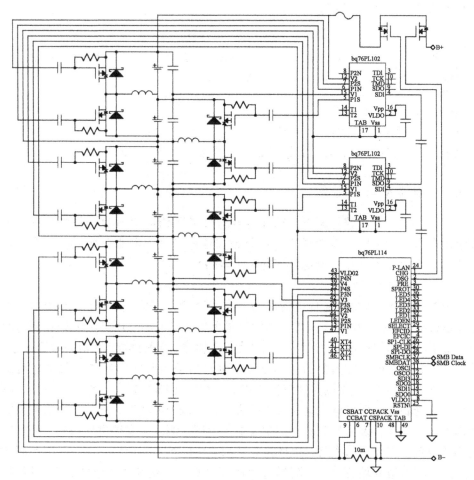

图 5.29 应用一个 bq78PL114 和两个 bq76PL102 集成电路的 8 个单体电池保护器

电池组间的不均衡。

当然，对于这一点限制存在着解决方案：用户可以在保持不平衡的状态下对电量最多的电池组进行再均衡管理，通过主动均衡电路的效率不高的特点对其进行能量释放。当然，这将会消耗掉与被动均衡电路相同的电能（违背了主动均衡的初衷），并且其均衡控制时间还会长于被动均衡电路。因此，这样做是没有意义的。

## 5.4 定制型数字 BMS 设计

本章对数字式 BMS 设计的各个方面进行介绍，但并不是所有型号的 BMS 都能与本章介绍的内容相符合，一些 BMS 只涉及了其中一部分功能。表 5.3 列出了从普通的数字仪表（只有测量功能）到数字保护器（具有所有功能）等各种型号 BMS 涉及的不同功能。

**表5.3 不同型号 BMS 功能列表**

| 功　能 | 章　节 | 仪　表 | 可测 SOC 仪表 | 监 控 器 | 均 衡 器 | 保 护 器 |
|--------|--------|--------|--------------|----------|----------|----------|
| 测量 | 5.4.1.2 | √ | √ | √ | √ | √ |
| 估算 | 5.4.3 | √ | √ | √ | √ | √ |
| 通信 | 5.4.4 | | | √ | √ | √ |
| 优化 | 5.4.5 | | | | √ | √ |
| 开关 | 5.4.6 | | | | | √ |

## 5.4.1 电压及温度测量

BMS 的首要功能就是测量。每种型号的数字型 BMS 都具有这样的功能。测量电池电压（和温度）有两种方法：分布式测量（每个电池单独配备一个测量电路）和就地测量（多个电池共用同一个电路）。

### 5.4.1.1 分布式测量

分布式测量，即每个单体电池配备一个测量设备，可以同时对所有单体电池电压进行测量。这样做较为理想，因为对每个单体电池的电压与电流进行同时测量，对于计算电池的内阻十分重要（尽管是同时测量，但是读取则可能会有滞后）。

在分布式系统中应用分布式测量是较为理想的问题解决方式（每个电池配置一套电池电路板）。将测量装置直接安装于电池上既有利又有弊。一方面，测量设备会受到高压环境典型电气噪声的影响，降低测量精度，同时也会影响数据通信。另一方面，因为是就地直接测量电池电压，测量会变得更加精确，而且因为测量设备没有较长的线路，也就没有了引入电气噪声的危害。同时，因为测量设备是被测电池的从属设备，测量过程也可以不受常规噪声的干扰。综上所述，相比于远程多路复用测量，分布式测量可靠性更高、更准确。

通常情况下，电池电路板应用带有 A-D 输入的微处理器来实现电池的电压测量、温度测量、控制均衡负载等功能，并和 BMS 控制器进行通信，其电路结构如图 5.30 所示。微处理器必须配备合适的 A-D 转换器（10 位或 12 位）来保证电压测量的准确性，而且必须配备相应的外围设备（例如 UART）进行与外界的同步与异步串行通信（例如 $I^2C$ 或 SPI 总线），或者配置一台 CAN 总线设备来进行通信。下面通过介绍一个异步通信的例子使大家了解所提到的电路结构。

1. 保护

如果电池电路板发生错接或者直接接到电池组电压（电池供电电源在带载条件下突然断开），熔断器就会采取熔断措施。为了在反接或产生过电压时熔断器能够熔断，一般使用 TVS 控制输入电压。LC 滤波器可以滤掉电池上产生的一些高频电压噪声信号。

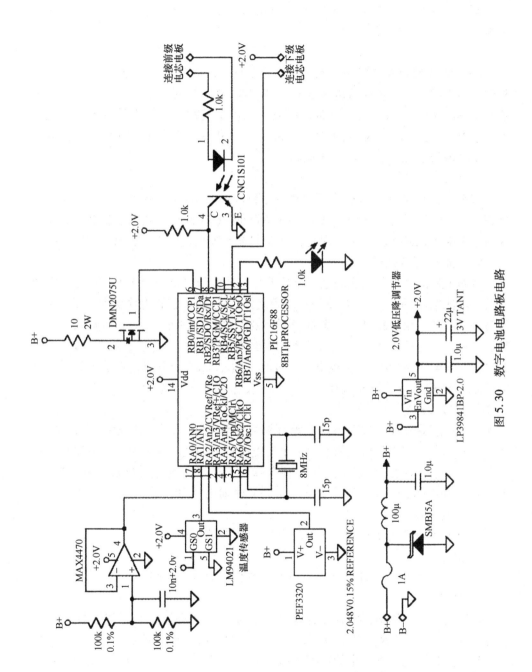

图 5.30  数字电池电路板电路

### 2. 供电电源

调压器会产生一个固定的 2.0V 的电压给电池板供电。它也可以作为防止电路板反接的第一道防线。

### 3. 微处理器

PIC16F88 型微处理器是电池电路板的核心，它负责测量电池的电压和温度，驱动均衡负载，还通过前后电池电路板负责与 BMS 处理器进行通信。此微处理器的工作电压为 2.0V，当其休眠时吸收的电流不超过 $1\mu A$。微处理器上还配备了一个 10 位的 A-D 转换器、一个 PWM 生成器和一个 UART 通信接口。微处理器使用晶振为系统提供 8MHz 的时钟。

### 4. A-D 转换器

带隙电压基准为 A-D 转换器提供一个精准的 2.048V 的基准电压。这个电压略高于供电电压，但是微处理器可以很好地处理这个问题。当系统空载时，基准源的电压会有几毫伏的跌落，因此实际上它将工作在 2.050V 的电池电压之下。

### 5. 电池电压传感器

由两个精准电阻构成的电压分压器将电池电压降低至低于基准电压，大约是低于电池电压的一半，在 1.0～2.1V 之间。两个电阻的阻值必须非常的大，从而保证不会产生旁路电流。微处理器需要一个低压源来驱动 A-D 输入，因此需要设置一个电压缓冲区（使用运算放大器作为统一的增益电压跟随器）。运算放电器工作电压为 2V，从供电电源处吸收不超过 $1\mu A$ 的电流，其输出为微处理器的 A-D 转换器提供输入信号。

### 6. 温度传感器

应用传感器芯片实现对电池电路板温度的测量（只要单体电池电路板安装在单体电池上且均衡负载关闭，单体电池电路板的温度与单体电池的温度十分接近）。当温度上升时，其输出电压会逐渐降低。通过设置低增益在芯片引脚上，可以在 $-40℃$ 时输出 1.88V 的电压、在 85℃ 时输出 0.86V 的电压。

### 7. 均衡负载

应用 MOSFET 控制对被用作被动负载的大功率电阻。

### 8. 状态显示

通过 LED 实现对单体电池电路板活动及状态的视觉反馈。

### 9. 通信

通过两个光电隔离器实现单体电池电路板（电池高压）和总线（接地）的隔离。其中一个光电隔离器用于前级单体电池电路板与微处理器 UART 的 RX 输入之间，接收主控制器发出的数据；另一个则应用于微处理器 UART 的 RX 输出与后级单体电池电路板之间，用于向主控制器传送数据。

单体电池电路由单体电池本身进行供电，因此接收的功率必须要小（旁路的电流必须小于单体电池的测量漏电流），尤其是处于备用状态时，这样要求的目的是防止单体电池过度放电。较为典型的备用电流是 $10\mu A$，$100\mu A$ 也是可以接受的，但 1mA 则无法接受。许多的微处理器都具有睡眠模式，在睡眠模式下微处理器会关闭外设以及时钟来减少单体电池的损耗。微处理器可以通过定时（通过看门狗）或中断（例如从通信端口接收到一条消息）两种方式从睡眠模式中恢复。微处理器处于睡眠模式时，基准源以及温度传感器不会消耗太多的能量，调节器的偏置电流以及电池电压缓冲区的供电电流也非常小。

这样该电路遵照理论指导实现了期望得到的全部功能。在实际应用中，很多简单电路也被开发出来，可以实现相同的功能。例如，Elithion Midbank 电池电路板仅仅应用了 15 个组件，包括两个集成电路，而没有应用光电隔离器的条件下就实现了相同的功能。其微处理器的软件的操作过程如下：

1）上电时，设置端口和外部设备。

2）切断均衡负载。

3）离开 UART 工作状态，进入睡眠模式。

4）收到信息时，从睡眠中恢复。

5）接收信息。

6）对来自于主控制器的指令信号进行解码和执行。

- 读取电压：测量电池分压器并将测量结果单位转换为伏特。
- 读取温度：读取温度传感器的电压并将其转换为摄氏度格式。
- 传送电压：在主控制器需要单体电池电压信息时，传送读取的数据。
- 传送温度：在主控制器需要单体电池温度信息时，传送读取的数据。
- 连接负载：在主控制器要求连接单体电池负载时，导通负载。
- 切断负载：在主控制器要求切除单体电池负载时，切断负载。

7）接受下一条指令，回到 5）。

8）10s 内无指令信号，恢复睡眠状态，回到 3）。

### 5.4.1.2　就地测量

在分布式 BMS 中，每一个单体电池都有其独立的单体电池电路可对其实现电压测量。在就地 BMS 中，许多单体电池共用一个测量电路来实现电池电压的测量。通常情况下，这种方式会降低测量组件的数量。就地测量装置可以由通用集成电路搭建而成，也可以由一些商用的 BMS 专用集成电路搭建而成。

1. 多路测量

通常情况下，使用多路复用器来实现单体电池电压的就地测量，因此某些单体电池将会共用一些测量组件。目前，许多设计选择 4 ~ 12 个单体电池共用一个 A-D 转换器，应用一个模拟多路复用器来选择测量哪个单体电池的电压。图 5.31a 给出了使用两个 4:1 的模拟多路复用器对 4 个串联单体电池的电压进行测量的例子，4 个单体电池共用一个 A-D 转换器。该电路与 5.2.2.2 小节中的模拟电路等效。图 5.31b 给出了使用单独的多路复用器对抽头电压（代替电池电压）进行测量的例子，微处理器负责分辨相邻抽头电压以及计算电池电压。

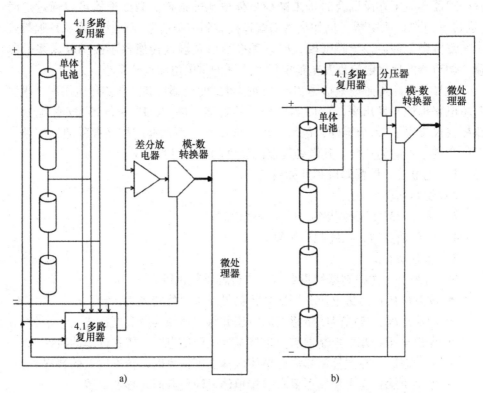

图 5.31　应用常规组件及多路复用器对串联的 4 个电池进行测量
a）两台多路复用器和一台微分放大器　b）一台多路复用器

　　这两个电路实际应用中也存在着一些小局限性。两个电路对单体电池电压的测量均是连续进行的，测量必须非常迅速才能避免出现电池组电压误差，并且电压测量的不同步性还会造成电池内阻的难以计算。同时，由于常规模式的排斥效应，在用户增加链式串联单体电池数量时，因噪声造成的消极影响也随之加剧，如图 5.32 所示。

　　这两个电路均存在一些问题。带有两个多路复用器的电路，如果按照从积极单体电池到消极单体电池的顺序进行测量，那么测量结果的准确性会越来越差。这是由于电阻分压器的公差与微分放大器常规模式排斥效应共同作用的结果。

　　对于单多路复用器的电路，除了最消极的单体电池，其余单体电池电压均不是通过直接的方式进行测量，而是通过应用抽头电压的后期计算获得。由于两次测量并是同时进行，单体电池电压通常不是常量，也就会造成误差。

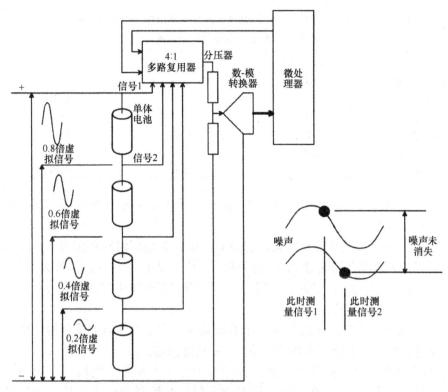

图 5.32 噪声误差随着单体电池数量的增加而增大

2. 常规集成电路与专用集成电路

应用多路复用器对单体电池电压进行测量可能会用到通用集成电路或者市面上常见的专用 BMS 集成电路。这些专用的集成电路可以分为两种：一种是专为大容量电池组设计的集成电路；另一种是为小容量电池（笔记本电脑或手机电池）设计的但想要应用于大容量电池组中的集成电路。通用集成电路中通常只包含一个多路复用器，或者同时还会包含一个 A-D 转换器，也有一些可能还包含可以均衡负载的逻辑电路。两种集成电路都包含一些智能算法来实现测量以及与主控制器之间的通信功能。还有一些并不是真正的专用集成电路，它们只是微处理器或者为实现 BMS 功能预先编程或调制的 FPGA（Field Programmable Gate Arrays）。表 5.4 列出了通用集成电路和专用集成电路（小容量或大容量电池组）在大容量电池组整体管理系统设计应用中的对比。该表内容总结如下：

• 相比于专用的集成电路，应用通用集成电路的电路设计难度更高（因为专用集成电路的生产商会提供示例），但学会如何使用专用集成电路也需要耗费大量精力，想要搞懂专用集成电路的使用规则是比直接应用通用电路设计系统更加复杂的过程。

**表 5.4　电池组中单体电池电压测量技术对比：通用集成电路与小容量电池或大容量电池组专用集成电路**

| | 通用集成电路 | 小型电池集成电路 | 大型电池组集成电路 |
|---|---|---|---|
| 电路复杂程度 | 高 | 中等 | 中等 |
| 设计难度 | 中等 | 高 | 中等 |
| 表现 | 好 | 卓越 | 卓越 |
| 级联特性 | 好 | 非常差 | 非常好 |
| 第二方供应商 | 非常多 | 没有 | 没有 |
| 花费 | 相同 | 相同 | 相同 |

- 将为小容量电池设计的专用集成电路应用于大容量电池组的 BMS 中也需要耗费很多的精力。
- 尽管许多生产商非常有经验，应用通用集成电路搭建的系统也不可能表现出与应用专用集成电路搭建的系统相同的性能（测量准确性、系统灵活性、自检能力和低功耗特性）。然而，专用的集成电路在实验室中的性能良好，但是在实际应用中则未必如此。
- 因为很多生产商的缘故，应用专用集成电路进行设计时会受到版权保密等多种限制。如今，应用一些集成电路仍存在这些问题。
- 尽管通用集成电路的成本和实际预算均低于专用集成电路，但是两种电路均需要相同数目的外围设备（外部滤波器、保护器和均衡组件、通信缓冲器和隔离器以及主控制器）。加上这些外围设备后，两种电路的整体成本差不多。

3. 应用通用集成电路的数字式 BMS

许多通用集成电路均可以应用在 BMS 中：

- 模拟集成电路：pp 放大器、比较器、多路复用器、调压器、电压基准器。
- 接口集成电路：A-D 转换器和线路驱动器。
- 数据处理集成电路：带有少量 A-D 转换器通道的小型微处理器、带有多个 A-D 转换器的功率型微处理器、通信附件以及数字信号处理器（DSP）。

与电池连接的电子电路要具有能够在最大的串联单体电池电压下工作的能力（例如，12 个标准的锂离子单体电池串联后的电压为 51V，这对于大部分集成电路来说都算是比较高的要求）。为了能够管理高电压，可以应用离散的晶闸管代替集成电路。例如，应用两个 4:1 的 CMOS 多路复用器集成电路可以管理一个 18V 的电压，这个电压就高于 4 个标准单体电池串联的 16.8V 的电压。

BMS 的许多电路可能都会应用通用集成电路来实现，包括图 5.33 展示的电路。这个从属单元管理 4 个串联的单体电池（所有的锂离子化学电池，包括均

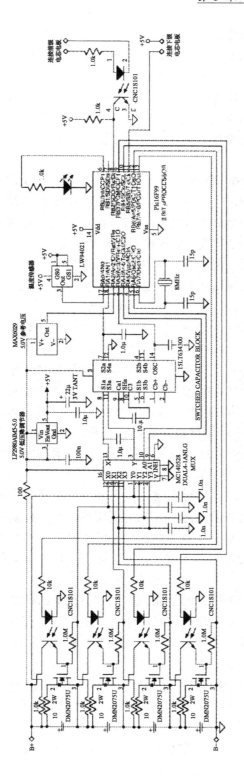

图 5.33　通用集成电路组成的四电池 BMS 从属电路板

衡装置和一个采用链式数据总线（从主控制器开始，依次经过前一个从属单元、该从属单元以及下一个从属单元，最后回到主控制器）的通信设备。关于此电路的描述详见下文。

电源：从属单元由 4 个串联的单体电池进行供电（根据单体电池的化学类型及其 SOC 确定，从 8 ~ 16.8V）。最末端的单体电池与电路共地。前端的单体电池通过一个保护电阻与电路连接。供电电源通过一个 LP2980 型调压器产生一个 5V 的供电电源。

多路复用器：每两个单体电池之间的抽头电压均先穿过一个限流电阻和一个滤波电容器接地，然后再穿过一个 4053 和一对 4:1 的模拟多路复用器。一个两位的地址选择器每次选择两个单体电池中一个进行分配地址。多路复用器的起始端选择 4 个抽头电压中的一个连接至单体电池的末端负极（ - ）；多路复用器的末端选择 4 个抽头电压中的一个连接至单体电池的尾端正极（ + ）。被选中单体电池的电压恰好并联于多路复用器的两个输出端（并不以地为参考）。并联于多路复用器输出端的电容器来为所选中的电池单体充电。

开关电容器：一个 LTC6943 型开关电容器以地为参考对单体电池基准电压进行修正。该电容器分两个阶段进行工作：第一阶段，将浮动电容器与自身的输入端连接，给单体电池充电；第二阶段，从输入端断开浮动电容器连接到输出端，并将输出端连接到一个电容器上。输出电容器是以地位为基准电压，经过几个循环过后，输出电容器的电压就等于被选中的单体电池电压。输出电容器的电压通过一个微处理器的 A-D 转换器输入端进行测量。在电池处于搁置状态时，微处理器可以通过其晶振电容器接地的方式关闭开关电容器的时钟从而达到减小功率损耗的目的。

均衡装置：并联于每个单体电池，通过一个 MOSFET 开关控制一个功率电阻来对电池进行放电。微处理器通过一个光电隔离器（并不提供隔离，只是提供阶梯电压——微处理器的输出以地为参考并且高达 5V，而每个 MOSFET 门电路是以其管理的电池的负极（ - ）为参考，因此需要提供一定的门极电压才能开通）开通 MOSFET 开关。

温度传感器：一个 LM94021 传感器集成电路通过测量组件的温度来反映电池的温度（因为只要从属单元直接安装在单体电池上并且均衡负载处于关断状态，组件的温度与电池的温度就十分相近），温度越高传感器输出的电压就越低。引脚紧密排列以获得最大增益， - 40℃ 时电压为 3.16V，85℃ 时电压为 1.47V。最终获得的电压信息被传送到微处理器的 A-D 转换器中进行读取。

基准电压：由于 5V 的调节器电压不够精确，因此选择应用 MAX6029 电压基准器为微处理器的 A-D 转换器提供 5V 的基准电压。

状态展示：LED 显示器为用户提供从属单元的工作状态等信息。

通信：通过两个光电隔离器为相邻的从属单元之间提供隔离。其中一个光电隔离器连接在前一个从属单元与微处理器 UART 的 RX 输入端之间，以读取从主控制器传送的信息。另一个隔离器则连接在微处理器 UART 的 TX 输出端与后一个从属单元之间，以保证信息能够被顺利的传送回主控制器。

微处理器：基于微芯片 PIC16F88 的微处理器是从属单元的核心部分，负责测量电池的电压和温度，驱动均衡负载并且负责与前后两个从属单元的 BMS 控制器进行通信。当其休眠时，工作电流不超过 1μA，微处理器中还包含一个 10 位的 A-D 转换器、一个 PWM 生成器以及一个 UART 通信接口。微处理器通过晶振为系统提供 8MHz 的时钟。

该电路通过所管理的电池本身进行供电，因此其能量消耗必须非常小（吸收的电流必须小于任何一个电池的漏电流），尤其是在备用工作状态，这样要求的目的是防止电池过度放电。当处于备用状态，工作的电流为 10μA 时，电路性能较好，工作电流为 100μA 时，可以接受；但是如果工作电流为 1mA，则该电路无法使用。微处理器存在一个睡眠模式，在睡眠模式下微处理器会关闭外部组件和时钟来减小电池的损耗。微处理器可以通过常规方式（根据看门狗的设定）或者中断的方式（从通信端口接收信息）由睡眠状态恢复。基准器以及温度传感器并不会耗费过多的能量（因为不需要循环检测，多路复用器几乎不吸收电流）；微处理器可以通过开关电容器关闭晶振器来达到能量损耗最小的目的。

### 4. 数字式 BMS 专用集成电路

正如本书所述，一些专用集成电路均可以应用在 BMS 设备中。其中，大部分的专用集成电路可以通过直接级联，实现对在一个单元（无隔离器）内的多串联电池进行管理，而单元外的其余部分则需要使用隔离器和额外的独立通信组件通过公共母线实现与主控制器之间的信息交换。

这些集成电路集成了一些组件来对一定数量的电池进行管理，这样可以简化 BMS 前端组件的设计。通常情况下，这些集成的组件包括（见图 5.34）：

- 一个读取 2 ~ 12 个单体电池电压需要用到的多路复用器和一些温度传感器。
- 一个精确的 A-D 转换器或每个电池配置一个转换器。
- 一个电压基准器。
- 电池均衡负载驱动器。
- 微处理器的数字通信接口。
- 可通过级联扩展系统规模的相邻集成电路间的链式接口。

应用这些专用的集成电路设计 BMS 还涉及以下问题：

- 像应用通用集成电路一样，需要设计一个 BMS 控制器（软件和硬件）。
- 这些电路可以很好地适用于集中式和主从式拓扑结构。因此，电池之间数目繁多杂乱的布线容易导致短路故障等小概率事件。

● 如果选用主从拓扑结构，从属单元之间的直接通信在实验时可能会效果显著，但是在实际应用中或许会因为存在电气噪声（来自充电器或电机控制器）而效果不佳，并且可能没有什么修正措施（应用通用集成电路时或许还可以通过改变设计来解决这些问题）。

● 如果第一个或最后一个电池抽头线路（为芯片供电的那个）开路，那么芯片可能会损坏。

● 尽管生产商觉得仅需要增加少量额外的组件，但在实际应用中还是需要增加许多额外的组件来保证系统的安全工作，附加的噪声滤波器和均衡装置都在很大程度上削弱了专用集成电路相比于通用集成电路的突出优点。

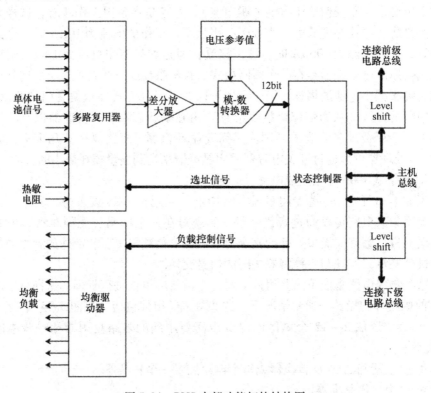

图 5.34　BMS 内部功能拓扑结构图

表 5.5 对本章讨论的集成电路进行了对比分析。但要注意以下问题：

● 推荐程度是在综合分析发布时电路在大容量电池组中的表现和可用性后给出的。

● 应用公用引脚来驱动均衡电路可以减少引脚的数量，但是这样做同时也限制了其均衡功能。例如，相邻的负载无法同时导通。

**表 5.5　专用 BMS 集成电路及大电池组应用对比**

| 品牌 | Analog Devices | Atmel | Intersil | Linear Tech | | Maxim | O2Micro | Texas Instruments | |
|---|---|---|---|---|---|---|---|---|---|
| 型号 | AD7280 | ATA6870 | ISL9216 + ISL9217 | LTC6802-1 | LTC6802-2 | MAX11068 | OZ890 | bq76PL536 | bq76PL537 |
| 推荐程度 | | √ | | √√ | √√ | | | √ | |
| 单体电池：集成电路 | 6:1 | 6:1 | 12:2 | 12:1 | 12:1 | 13:1 | 6:1 | | |
| 单体电池数/组 | 300 | 96 | 12 | 192 | 12 | 208 | 372 | 192 | |
| 被动平衡 | 精巧引脚 | 精巧引脚 | 精巧引脚外加 200mA 电阻器 | 精巧引脚附加外部均衡 | 内部电阻器共享引脚 | 精巧引脚 | 精巧引脚外加电阻器及晶闸管 | 精巧引脚外加内部主动 MOSFETLC 电路 | |
| 3.6V 准确性 | 10 [mV] | 7 [mV] | 58 [mV] | 8 [mV] | 15 [mV] | — | 3 [mV] | | |
| 温度传感器：单体电池 | 1:1 | 2:6 | 1:12 | 2:12 | 2:12 | — | 2:6 | | |
| 相邻电路板间通信线路 | 7 线电流源 | 8 线电流源 | N/A | 3 线电流源 | N/A | 4 线电压源 | 3 线光电隔离器 | 8 线电流源 | |
| 主控通信接口 | SPI | SPI | 12C | SPI | 12C/SMB | 12C/SMB | SPI | SPI | |
| 每单体电池仪电路花费 | — | 0.7 美元 | 0.6 美元 | 0.8 美元 | — | — | — | | |
| 每单体电池全部花费 | — | 1.3 美元 | 1.2 美元 | 2.5 美元 | 2.8 美元 | — | — | | |
| 可用性 | 不推荐 | 符合发布 | 好 | 非常好 | 非常差 | 非常差 | 符合发布 | | |

● 较高的测量精确性可以提高系统通过开路电压法进行电池 SOC 估算的精度。相邻电路间设置较少的连接线不但可以减少系统的成本，还可以提高系统的可靠性。然而，在噪声环境中连接线间的电容耦合效应降低了系统的可靠性，光电隔离器增加了系统的成本，因此放弃使用电流源是最好的解决方案。

● 成本占了较大的比重。为每个单电池应用成本较低的集成电路并不是降低成本的有效途径，因为很多集成电路还需要搭配很多外部组件才能使用。

● 表中没有列出 ACTEL 公司的 A40MX02-PL537 型电路，即一个基于 FPGA 的定制型 BMS 控制电路。

下面针对每个 BMS 专用集成电路的细节问题进行介绍。

Analog Devices 生产的 AD7280。Analog Devices。公司的 AD7280 是专为 4~6 个串联单体电池设计的集成电路。最多可以同时直接连接 50 个集成电路，可实现对高达 300 个串联单体电池的管理。在相邻的单体电池之间应用 7 线链式结构和电流源实现通信。利用外部组件实现电池的均衡功能，单体电池的均衡电路由常规引脚驱动，这样做可以大大增大系统的灵活性。每个单体电池配备一个温度传感器，每个集成电路可以读取 6 个温度传感器的数据。该集成电路的主要缺点是需要使用大量的链式线路。

如图 5.35 所示，是一个应用了三个 AD7280 集成电路对 18 个单体电池进行管理的 BMS 电路。每个通信线路上的二极管用于单体电池在带载状态时突然开路对系统进行保护。不推荐在大容量电池组 BMS 中应用此集成电路，因为其可用性较差。

Atmel 公司生产的 ATA6870。ATA6870 是最近才进入电池管理系统领域的来自 Atmel 公司生产的集成电路。一个 ATA6870 型集成电路最多可以管理 6 个串联的锂离子单体电池。最多可以直接连接 16 个此型号的集成电路管理高达 96 个串联单体电池。单体电池间的通信和控制采用 8 线制的链式结构。利用外部组件实现单体电池的均衡功能，单体电池的均衡电路由常规引脚驱动，这样做可以大大增大系统的灵活性。此种专用集成电路与众不同的地方在于它采用离散式的拓扑结构，拥有 6 个独立的信号采集端口，每个单体电池对应一个端口，这样的设置可以保证电路具有卓越的高噪声免疫能力及常规噪声抗干扰特性，并且 6 个单体电池的信息采集工作可以同时进行。此外，该种集成电路与 AD7280 型集成电路非常的相似。

图 5.36 给出了一个应用 ATA6870 集成电路管理 18 个单体电池的例子。主控制器通过光电隔离器驱动最上端的集成电路，并且通过串行端口与最底端的集成电路实现通信。该集成电路非常适用于大容量锂离子单体电池管理系统，因为该电路在实际应用中性能优良。

Intersil 公司生产的 ISL9216/17。Intersil 公司生产了一系列应用于 BMS 的模

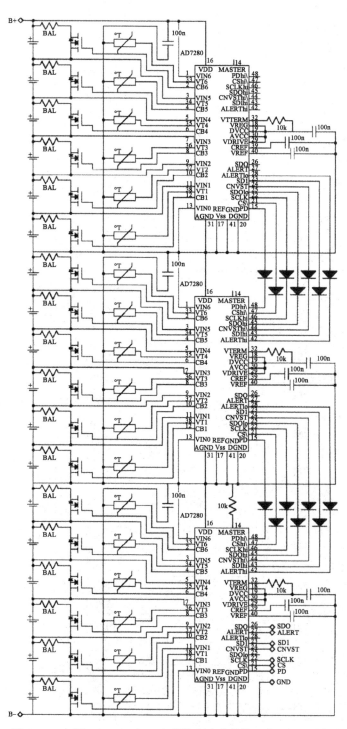

图 5.35　应用 AD7280 对 18 个单体电池进行管理的 BMS 电路图

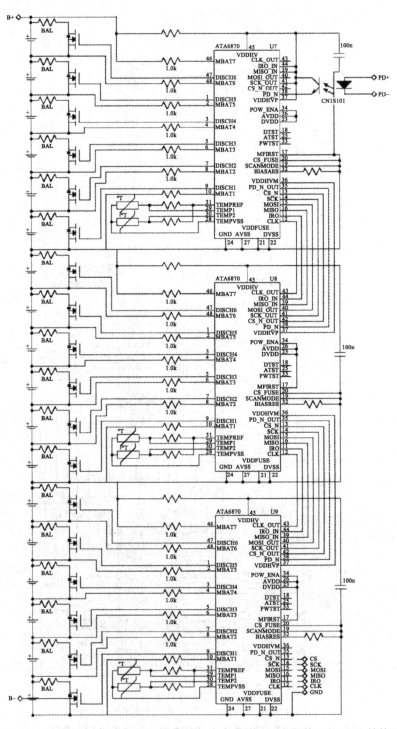

图 5.36　应用 ATA6870 专用集成电路对 18 个单体电池进行管理的 BMS 结构图

拟专用集成电路，这些集成电路没有 A-D 转换器，但包含 ISL9208、ISL94200 和 ISL94201 三种芯片。每个集成电路最多可以管理 7 个单体电池。ISL9216 和 ISL9217 芯片集配合使用最多可以管理 12 个串联单体电池，ISL9216 负责管理前 5 个单体电池，ISL9217 负责管理其余的 7 个单体电池。该芯片集利用外接的电阻器（内部 MOSFET）和一个 SMB（I2C）串行接口实现对单体电池的均衡管理。电压采集精度为 58mV，对于计算 SOC 来说明显不够。该集成电路通过一个板载电流检测电阻和两个 MOSFET（一个用于充电电流，另一个用于放电电流）实现对 12 个单体电池的保护，其电路结构如图 5.37 所示。

　　该芯片集被级联后可以用于大容量的电池组中，但是需要运用大量的电路来实现，因为测量的模拟电压在某种程度上需要在不同芯片集之间进行转换。因此，需要设置分布式的从属电路板，每个从属电路板可以管理 12 个单体电池，而且都有自己的主控制器，主控制器带有 A-D 转换器和通信接口与主控制器进行数据交换，如图 5.38 所示。

　　因为该芯片集的功能有限，在实际应用中需要搭配大量的外部组件，所以该芯片集不适用于大容量电池组的管理系统中。

　　Linear Technology 公司生产的 LTC6802-1。Linear Technology 公司生产的 LTC6802-1 型集成电路是专为混合动力汽车的牵引功能而设计的。除了在直接互相级联时存在一些规定外，它与 LTC6802-2（下面会讲到）完全相同。

　　每个集成电路可以管理 12 个串联单体电池。最多可将 16 个集成电路直接连接起来用来管理最多 192 个串联单体电池。相邻单体电池间通过三线链式结构实现通信。此集成电路具有专门用于单体电池均衡的引脚，大大提高了其灵活性。可应用外部组件来实现单体电池的均衡功能（内部均衡设备也可以用，但是它们因散热限制受到限制）。而且，也可以同时使用内外两部分均衡系统，仅应用外部电阻就可以对芯片的温度进行稍加改善。

　　图 5.39 所示是一个应用 3 个 LTC6802-1 集成电路级联构成的 BMS 管理 36 个单体电池的例子。相邻的集成电路之间搭载 3 个数字通信线来与电流源相连（通过对 VMODE 引脚编程实现）。通信线路上的二极管用于在电池带载时线路突然开路，对系统进行保护。使用外围电阻和内部 MOSFET 实现均衡功能。尽管使用指南中说明几乎不需要额外的组件，但在实际应用中，还需要为每个电池配备 6 个额外的保护装置和均衡设备。这些外设组件并没有在该集成电路的简单原理图中显示出来，但是在下面将要介绍的 LTC6802-2 的原理图中进行了标示。每 12 个单体电池为一组选取两个点通过两个热敏电阻对单体电池的温度进行测量。末端的集成电路通过编程使其通信接口工作于电压模式，且与微处理器相连。微处理器控制着 BMS 的所有功能，并驱动两个光电隔离器对其输出进行限制。因 LTC6802-1 型集成电路无法提供足够的驱动电流，还需要搭配一个供电电源。

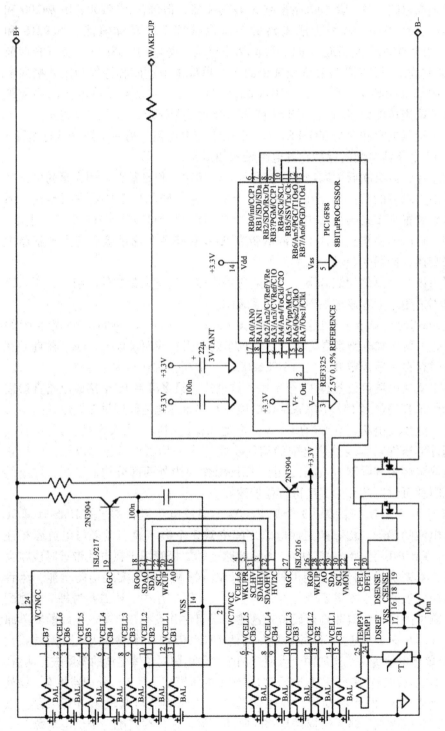

图 5.37 应用 ISL9216/17 对 12 个单体电池进行管理的保护器结构图

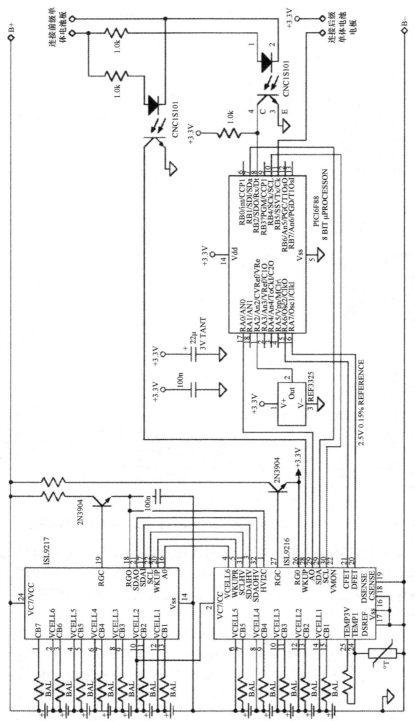

图 5.38　应用 ISL9216/17 集成电路对 12 个单体电池进行管理的从属控制电路板电路图

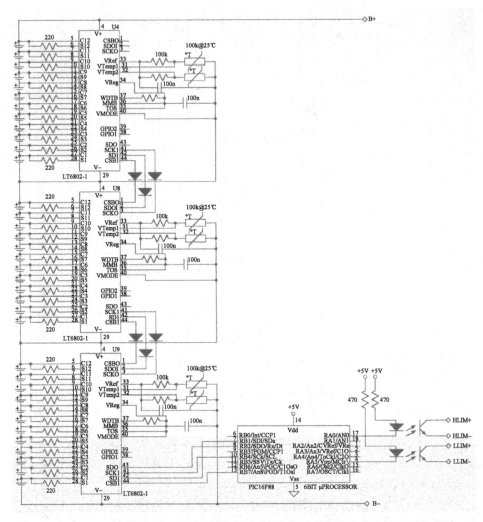

图 5.39 应用 LTC6802-1 型集成电路对 36 个单体电池进行管理的 BMS 结构图

该集成电路性能优良、应用灵活，因此比较适用于大容量锂离子电池管理系统。其同型号的集成电路——LTC6801，可以为系统增加独立、冗余的检测能力，以确保单体电池处于安全工作区域内。这个集成电路也可以用作模拟监控器的核心部分（见 5.2.2.2 小节）。

Linear Technology 公司生产的 LTC6802-2。Linear Technology 公司生产的 LTC6802-2 除了不能进行互相级联的一些规定外，它与 LTC6802-1 完全相同。不同的是，它具有一个可以直接连接微处理器的 SPI 端口。此集成电路适用于暴露在电磁干扰环境中的 BMS，LTC6802-1 却不一定能做到这一点，因为只有一个基准，即性能最差的单体电池。LTC6802-2 仍旧可以被用于大容量电池组中。

● 无微处理器条件下：每个集成电路需要配置一个 SPI 隔离器和一个连接着 12 个单体电池电路的常规 SPI 母线；从主控制器引出的分离线引到每一个从属单元中，实现与该从属单元的通信。

● 有微处理器条件下：每个集成电路都具有自身的微处理器，来对集成电路的 SPI 总线和一个连接于 12 个单体电池电路的外部常规母线进行通信。

如图 5.40 所示，此集成电路可应用于 12 个单体电池的从属单元中。此电路原理图列出了所有的外部保护及均衡附件（不像本章中的其他例子只给出简单的图例），包括铁氧体阻抗、电容器、电阻和 TVS 二极管。这些组件用于对系统提供保护（提供内置于集成电路的保护）和对噪声进行过滤。虽然此集成电路能够实现对电池的均衡管理，但是它只能在低功率下进行，否则将会导致温度过

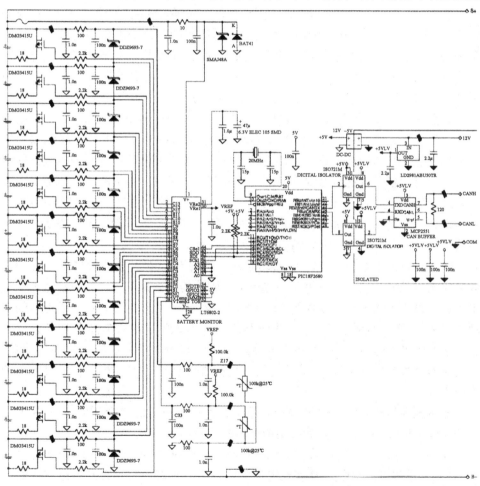

图 5.40　应用 LTC6802-2 集成电路并带有 CAN 总线和所有组件对
12 个单体电池进行管理的从属单元电路结构图

高；而外部的 MOSFET 和功率电阻则可用于在大电流下实现对电池的均衡。微处理器的接口与 LTC6802-2 的 SPI 总线接口和 CAN（Controller Area Network）总线接口通过数字隔离器和 CAN 缓冲集成电路相连。一个小型 DC-DC 变换器为微处理器提供一个 5V 的隔离电源。总线中包含有 4 条导线：两条 CAN 线、一条地线和一根 12V 电源线。

如图 5.41 所示，主控制器和一系列从属单元可以通过 CAN 总线连接在一起。为了对每个从属单元进行区分，需要对每个从属单元的 ID 进行编程设置。因该集成电路在实际应用中性能良好，所以适用于大容量锂离子电池管理系统。

Maxim 公司生产的 MAX11068。尽管 Maxim 公司早在 2008 年就发布了其生产的 MAX11068 专用集成电路，但在两年后已经不容易买到这种集成电路了（DigiKey 为它标价每个 204 美元），而且也很难获得它的使用说明。相比于 Linear Technology 公司的 LTC6802-1，Maxim 公司的集成电路采用公用引脚来实现测量和均衡功能（这将会限制均衡功能的灵活性），并且其对于下一级集成电路的通信端口采用升压控制（在实验室中性能良好，但是在实际应用中对电气噪声很敏感）。这两点是其缺点，限制了该集成电路在实际应用中的表现。

如图 5.42 所示是应用三个级联集成电路管理 36 个单体电池的 BMS 的电路结构，每个集成电路管理 12 个单体电池。每个单体电池抽头上的串联电阻用于对单体电池进行均衡和滤波。相邻集成电路之间的电容器用于升高通信线路的电压，同时也为各组电池与电源之间的突然断开提供保护。末端的集成电路与一个微处理器相连。微处理器负责控制三个专用集成电路、具有 BMS 的所有功能，并驱动两个光电隔离器来对输出进行限制。因该集成电路功能有限且在实际应用中效果较差，故不适用于大容量电池组管理系统。

O2Micro 公司生产的 OZ890。O2Micro 公司的 OZ890 型电池管理系统专用集成电路相当隐秘，它大多应用于一些中国产廉价的保护系统中，为小容量电池提供保护。每个集成电路可以控制 13 个串联单体电池（比其他集成电路管理的电池数目多），可实现最多 32 个集成电路级联管理 372 个串联单体电池（为什么不是 416 个单体电池）。相邻集成电路之间用带有光电隔离器的三条导线连接。主控制器通过 SMB 总线与各单元连接。均衡装置有专门的引脚。该集成电路的均衡效果较好。

虽然这种集成电路好像很适合应用于大容量电池组的 BMS 中，但因为该电路的实际可用性较差，在实际应用中并不推荐使用。

Texas Instruments 公司成产的 bq76pl536。Texas Instruments 是小容量电池（大约 4 个单体电池串联）管理系统集成电路中的领军品牌，直到最近它开始鼓励用户尝试着将这些集成电路应用于大容量电池组的管理系统中，但结果很不理想。但是如今我可以说 TI 终于做到了，因为它发布了两个专为大容量电池组设

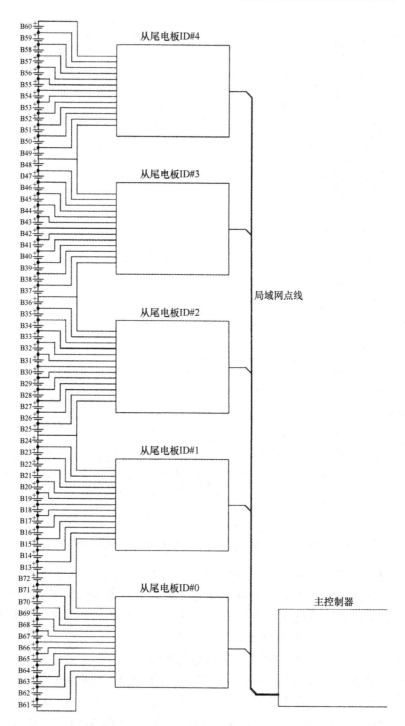

图 5.41　通过 CAN 总线连接的从属单元构成的大规模电池组 BMS

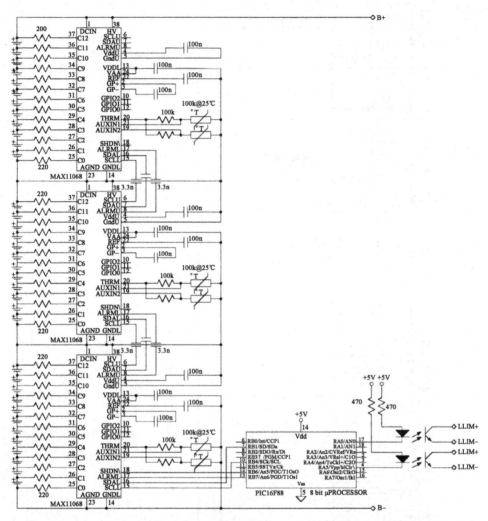

图 5.42 应用 MAX11068 对 36 个单体电池进行管理的 BMS 结构图

计的集成电路，其中一块就是 bq76PL536，这块芯片确实可用于大容量电池组。

该集成电路可以管理 3 ~ 6 个单体电池，级联后后最多可管理 192 个串联单体电池。每个集成电路包含有 3 个接口，一个用于连接下个集成电路的上端口（North），一个用于连接下个集成电路的下端口（South），最后的一个用于连接主控制器（Host）（在实际应用中，至多会用到两个端口，也就是说有一个端口会处于闲置状态，LTC6802-1 在这方面考虑得更加周全。根据不同模式引脚的设置，LTC6802-1 用一个端口或作为 Host 端口，或作为 South 端口。）每个端口都有 8 根连接线，对于分布式系统来说，这已经是非常多的电池电路板之间的连线数量了（LTC6802-1 只用 3 根）。相邻集成电路直接相连（与其他集成电路不

同，该集成电路不用隔离器、二极管和电容器）。与主控制器相连的端口，包括
SPI 端口，需要安装隔离器。由于每条导线都是单向的，所以可以很容易地通过
光电隔离器实现隔离。由于测量系统中存在一个 14 位的 A-D 转换器，因此其测
量精度很高，误差在 ±3mV 之间。该集成电路设置了独立的比较器来为系统提
供冗余保护。但比较器与其他的设备均在同一块集成电路板上，因此其独立性还
有待考察。该集成电路或许可以单独作为简单的 BMS 的核心部件，详见 5.2.2.3
小节所述。

如图 5.43 是该集成电路在一个管理 18 个单体电池的 BMS 中的应用实例。
外部的 MOSFET 和功率电阻用于对单体电池进行均衡管理。相邻集成电路通过 8
根直接相连的导线实现通信功能。最末端集成电路的 Host 端口一个微处理器相
连，微处理器具有 BMS 的全部功能，并对两个光电隔离器进行驱动控制。该集
成电路在实际应用时，因其性能优良适用于大容量电池组的 BMS。

Texas Instruments 公司生产的 bq76PL537。除了在主动均衡时应用 TI 的电荷
抽取技术之外（在第 5.3.6 节中已有提及），bq76PL537 与 bq76PL536 几乎相同。
因为在这一点上的可用信息太少，因此我有理由相信 bq76PL537 与 bq78PL114
有着相同的缺点：其主动均衡拓扑结构无法对不被同一个集成电路控制的单体电
池进行均衡。如果是这样的话，那么不推荐在大容量电池组中应用该集成电路，
因为它无法对整个电池组进行均衡管理。

5. 冗余保护专用集成电路

许多生产商提供故障监控集成电路与他们的 BMS 集成电路一同使用来为系
统提供额外的、冗余的保护，以避免初级 BMS 失效。在 5.2.2.2 小节中，已经
介绍了两种这样的集成电路：Linear Technology 公司的 LTC6801 和 Maxim 公司的
MAX11080，但我们是将这两块集成电路用作模拟监控器的核心部件。无论这些
集成电路是被用于模拟比较器还是被用于数字系统中测量和比较单体电池电压并
给出预先的限制，从用户的角度来看，它们的作用是一样的。如果某个单体电池
的电压超限，这些电路就会发出警报，并切断整个电池组的电源。一些生产商直
接在 BMS 专用集成电路内部增加了冗余保护装置（例如 bq76PL536）。但这一点
既可以被认为是优点（电路简单，不用其余组件）也可以被认为是缺点（当集
成电路受到损坏时所有的功能同时被损坏，这样就违背了冗余保护的初衷）。

## 5.4.2　电流测量

在 3.1.3 节中已经讨论过，如果知道了电池电流，有助于 BMS 发挥其特性；
如果能够对电源电流和负载电流进行独立测量，BMS 的工作性能更佳。同时，
也可以得到这样的结论：除非系统中存在其他的设备能够向 BMS 传送电流信息，
否则电池管理系统中必须存在一个或多个可以用来测量电池电流的电流传感器。

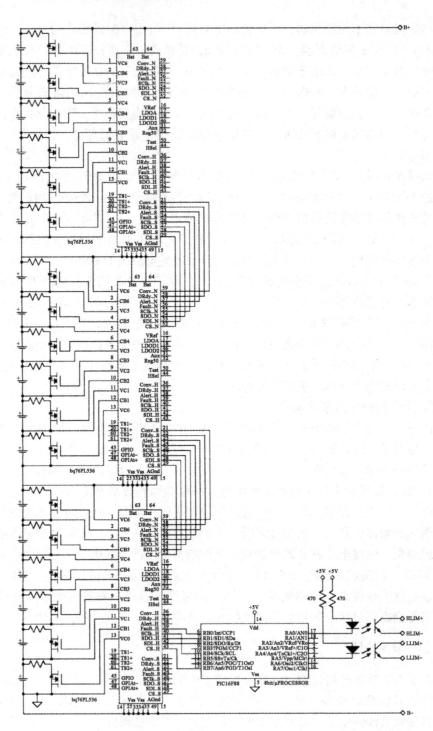

图 5.43  应用 bq76PL536 集成电路对 18 个单体电池进行管理的 BMS 结构图

在交流电路中或许可以使用电流互感器对电流进行较为准确的测量，但是在 BMS 系统中大多都是直流设备，因此无法使用电流互感器对其电流进行测量。测量电流就需要直流电流传感器，即分流器和霍尔传感器。

### 5.4.2.1　分流器

通过电阻元件测量电流的方法是：测量电阻上的电压跌落，而后根据已知的电阻大小计算出电流的大小（详见 3.1.3.1 小节所述）。对于 PCB 组件的小电流测量（最大 20A），可以选用很多电阻元件，主要包括：

- 印制电路板，但其准确性较为一般，因为电路板上大量的铜组件容易引起较大的误差，尤其是铜电阻率会随着温度的变化而变化，这会造成很大的测量误差。
- 低值电流感应电阻（通常应用于电源开关电路中）；
- 实心线圈［通常应用于 DVM（DigitalVoltage Meter）中，测量的电流范围为 10～20A］。

对于较大的电流则采用更大型的电阻元件进行测量，主要包括：

- 采用底盘式安装，高精度的分流器（通常被用作模拟电流表的一部分）。
- 功率线路（电缆），尽管其测量精度优于印制电路板，但测量精度仍较差。

为了降低损耗（减小热量消耗），电流传感器一般配备一个电阻值很低的电阻。一个可以分流 500A 电流的常规电流表内阻为 $100\mu\Omega$，而应用于 DVM 的典型线圈的内阻一般为 $10m\Omega$。

电阻元件上的电压很小（一般为 $100\mu V\sim 10mV$），因此电阻元件测得的电压信号要么进行就地放大，要么通过具有屏蔽特性的双绞线传送到运算放大器中。运算放大器必须采用微分拓扑结构，这样可以保证其输出电压与其两个输入电压差形成一定的比例，电路结构如图 5.44 所示。

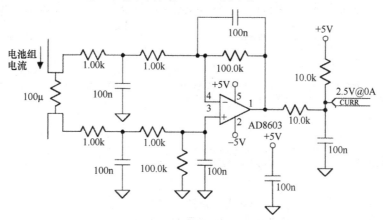

图 5.44　带有斩波稳定运放的分流传感器

电流分流器不会发生偏移的问题，但是其运算放大器会发生一定的偏移。为了使放电深度（DOD）计算中的误差最小，需要采用具有最小偏移量的运算放大器。在实际应用中，斩波稳定的运算放大器效果较好，因为其偏移量只有500nV，并且即使 BMS 以不高于 10ms 的频率对电流信号进行采样，其相对低频的反应特性也不是问题。尽管用户或许会考虑 Analog Devices、National Semiconductors 和 Texas Instruments 等公司生产的斩波稳定的运算放大器，但是 Linear Technology 公司才是高精度的运算放大器的主要供应商。用户可以考虑使用下列这些型号的运算放大器：LTC2050、LTC2054、MCP6V01、LMP2021MFE、OPA333 和 OPA734。

在进行双向电流测量时，需要为运算放大器设置一个偏移量，这样，当电流为 0 时，输出值将处于 A-D 转换器的中点位置（一般为 2.5V）。当然，如果电流传感器读取的数值不是关于 0 点对称，那么偏移量的设置则需要偏向某一方，这就需要采用量程范围更大的 A-D 转换器。

为了能够充分利用 A-D 转换器的输入信号，需要引入可进行满摆幅输出的运算放大器。如果运算放大器无法输出 0V 的电压，那么则需要为运算放大器设置一个偏移量，这样当其输出为 0V 时，可以以非 0 的读数表现出来；但 A-D 转换器读数时会用软件把这个偏移量消除。为了最大限度地应用 A-D 转换器并获得最好的结果，需要在电流峰值设置运算放大器的增益，这样输出信号才能在工作区域内，而不需要对其波形进行裁剪。

### 5.4.2.2 霍尔传感器

霍尔传感器较易在实际中使用，因为它们是独立的并且已经内置了一个运算放大器，所以如果其输出是单级型信号，可以与 A-D 转换器直接相连，如图 5.45a、b 所示；如果其输出是双级型信号，也可以在没有电池组电流时通过一个电阻分压器将其电压控制在 2.5V 后连接于 A-D 转换器，如图 5.45c 所示。

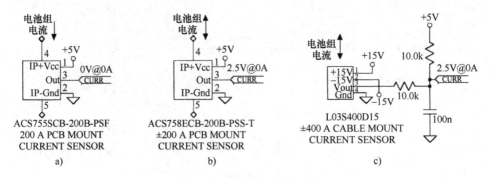

图 5.45 霍尔传感器电路

a) 单极单向　b) 单极双向　c) 双极双向

霍尔传感器的测量精度为1%，其误差源主要有原始偏移、热漂移、非线性和磁滞现象（当某个方向流经大电流后，零点位置会受影响）。

大部分霍尔电流传感器要么处于开环状态，要么处于闭环状态。在开环电流传感器中，电流将会产生一个磁场区域，对于应用铁氧体组件的线性霍尔效应集成电路来说，此磁场区域会加倍。在霍尔效应集成电路内部，霍尔元件将会生成一个与磁场大小成比例的微电压，同样也会产生一个电流。霍尔效应集成电路会将此电压放大并滤除掉高频噪声来对其测量误差进行补偿。集成电路的输出是一个与感应电流成比例的电压信号。

闭环电流传感器与开环电流传感器相似，区别在于闭环电流感应器的铁氧体组件上缠绕着一个额外的 $N$ 匝线圈（绕组）。电流传感器通过一个小电流来驱动该线圈，并产生一个磁场，该磁场与感应电流产生的磁场大小相等方向相反，这样可以保证霍尔传感器元件的输出为0。此时，线圈中的电流为线路电流的 $1/N$。电流传感器的输出电压与其线圈的电流成比例，也就是与感应电流成比例。因为霍尔传感器的工作范围比较窄，所以闭环传感器的精度较高，但是其成本也较昂贵，能耗也较大（为线圈供电）。

为了能够在更大范围内提高测量精度，可同时使用两个电流传感器对电流进行测量，一个传感器测量低电流，另一个则负责测量高电流。它们的输出均被传送到带有 A-D 转换器的处理器中，由处理器根据测量的电流等级选择合适的传感器。

现实中有许多的霍尔电流传感器和霍尔效应集成电路可以使用。

- 底盘式安装的环形电流传感器模块，用于测量功率线路或总线电流。
- 安装在 PCB 上的电流传感器模块，用于测量功率线路电流。它们安装于 PCB 上，功率线路会流过传感器和 PCB。
- 安装于 PCB 上的电流传感器模块，用于测量总线电流。它们垂直安装于 PCB 上，总线与 PCB 处于平行结构并且在流经传感器时处于开路状态。
- 带有 U 形集成总线槽的安装于 PCB 上的传感器模块，可以直接焊接在 PCB 上。
- 内部带有大电流导体的集成电路。它们可以用在小型集成电路组件中，电流可从 Allegro（ACS 系列）最大到 30A，也可用于带有两个大电流标签的大型集成电路组件中，电流可从 Allegro（ACS 系列）最大到 200A。
- 带有线性输出的大量霍尔效应集成电路集中在一起会产生磁场感应，这对定制型电流传感器非常有利。例如，它们可以放置在电源线流经的铁氧体磁环的缝隙中。

霍尔电流传感器的生产厂商主要有 Allegro、LEM、Tamura、Honeywell 和 CUI。

## 5.4.3 评估功能

对电池组的测量完成以后，BMS 的下一个功能就是对电池组的状态进行评估。大部分数字 BMS 都或多或少有这个功能。这纯粹是一个软件功能。估计的内容可能包括下列任意一项：

- 电池安全工作区域（SOA）的评估。
- 荷电状态（SOC）和放电深度（DOD）的估算。
- 内阻的计算。
- 容量的测量。
- 健康状态（SOH）的估算。

### 5.4.3.1 安全工作区域（SOA）的评估

这项功能的目的是判断电池是否工作在其安全工作区域（Safe Operating Area，SOA）内。如果某个电池的已经工作于其 SOA 边缘，那么 BMS 将会降低其充电电流限制值（Charge Current Limit，CCL）或放电电流限制值（Discharge Current Limit，DCL），保证系统工作在最大允许值之内。如果系统已经工作于 SOA 之外，那么 BMS 将会将 CCL 和 DCL 降低到 0，并且插入 HLIM（High Limit）或者 LLIM（Low Limit）。

并不是所有的电池管理系统都会设置 CCL 和 DCL，但是大部分都会设置 HLIM 和 LLMT，尽管有时它们会被给予一些别的名字，例如高压限值（High Voltage Limit，HVL）或高压关断值（High Voltage Cutoff，HVC）和低压限值（Low Voltage Limit，LVL）或低压关断值（Low Voltage Cutoff，LVC）。保护器中不需要设置这些限值。

1. CCL 和 HLIM

BMS 根据以下内容的一项或多项决定是否启用 CCL 和 HLIM：

- 电量最大的电池电压。
- 充电时的最高和最低温度。
- 充电电流的数值。
- 电池组的电压。

以上的每一项均可以有两个阈值：一个阈值用于限值开始的地方；另一个用于限值结束的地方。例如，充电过程中，温度在达到 50℃ 时也不会设限值，在 50～60℃ 之间会按照比例进行限值的设定，但是在 60℃ 处就会断开充电。无论以上列出的哪一条为限制原因时，都要降低 CCL。如果以上列出的任何一项参数超出了 SOA，HLIM 就会生效。

最大电池电压　当单体电池电压超过了一个阈值后，BMS 将会减小 CCL，减小的过程是随着电池电压的增大逐渐进行的，当电池电压达到最大值时，CCL

恰好为 0，那么 HILM 就会生效（详见 3.2.1.2 小节）。只有当最高电池电压低至最高阈值以下时，HLIM 才会被解除，此时可能会发生滞后现象，如图 5.46 所示。为了起到很好的评估作用，可直接使用充电量最多的电池电压。这样做可能会导致过早地对充电进行限制，因为在充电电流中会偶然出现一个峰值（由再生制动引起）。

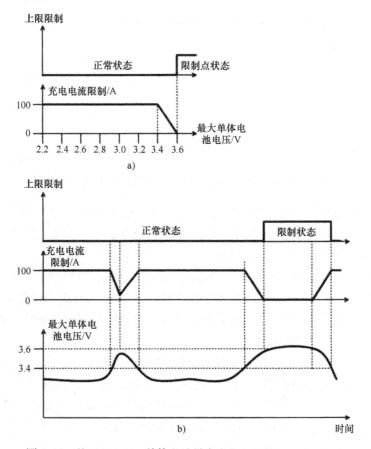

图 5.46　基于 LiFePO$_4$ 单体电池最大充电电压的 CCL 和 HILM

a) 传递函数　b) 波形图

　　为了避免超前限制的发生，或许可以用一个时间段的平均电压来代替电池的实时电压，如图 5.47 所示。这样做可以在尖峰偶然出现时，将系统的反应延迟，只有在此尖峰持续了一段时间或者这个峰值超过一定幅度时才给予反应。平均值计算所需的时间间隔通常取 10～30s。平均值一般可通过使用无限脉冲响应（IIR）算法的软件米实现，其计算结果与使用 RC 低通滤波器的方法相同。

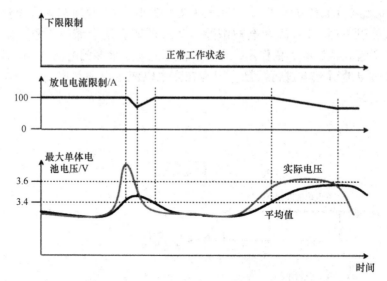

图 5.47    最大单体电池电压的时间平均值可以避免超前限制

另一种避免 BMS 超前限制的方法可通过估算电池的 OCV 来实现，根据电池模型（见 1.2.7 小节）来对电池的终端电压进行补偿来估算电池的 OCV。在利用电池的 OCV 估算值代替其终端电压时，充电速度会变得更快。

如果已知电池的内阻和电池组的电流，BMS 可以根据最简单的 DC 模型来得到 OCV 的估算值，方法是利用电池内阻计算 IR 跌落值（此电压值是负的，因为根据定义充电电流是负值），并将其叠加到单体电池电压当中，如图 5.48a 所示，式 (5.1) 为其数学表达形式。

$$OCV = Terminal\ Voltage + IR \tag{5.1}$$

如果选用的是松弛模型，BMS 可以通过单体电池交流阻抗来计算跌落电压，并将计算的跌落电压从单体电池电压中减掉就可以得到较为准确的 OCV 估算值，如图 5.48b 所示。然后，BMS 就会根据单体电池的最高 OCV 估算值来对 CCL 进行限制并激活 HLIM。

电池温度。锂离子单体电池只能在某个一规定的温度范围内进行充电（充电时间范围小于放电时间范围）。首先，为了保证单体电池工作在 SOA 内，如果某个单体电池的温度过高或者过低，BMS 将会停止对其充电，详见 1.2.4 节。如果充电的电流源可以实现对充电电流的精细控制，BMS 可能随着单体电池温度的上升来要求充电电源的充电电流逐渐减小，直到电池到达其 SOA 边界，充电停止，如图 5.49 所示。

电池充电电流。如果 BMS 能够检测到充电电流，那么在电流过高时 BMS 或许就会激活 HLIM，见 3.2.1.1 小节，如图 5.50 所示。

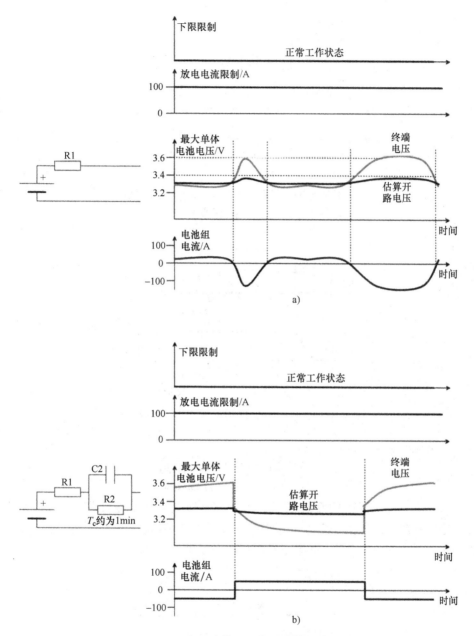

图 5.48　应用单体电池模型估算其 OCV

a) 简单 DC 模型　b) 松弛特性模型

较高级的 BMS 或许可以区分短时脉冲电流和连续电流, 甚至当某一个峰值电流持续时间过长时, 还可以减小 CCL 或驱动 HLIM。BMS 还可通过对过电流积分并在积分结果超过某一个常数时为其积分结果设置限制阈值。此常量阈值决定

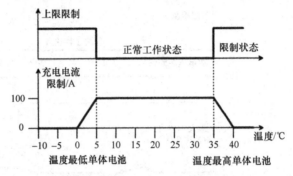

图 5.49　基于单体电池温度的 CCL 和 HLIM：左边是温度最低的
单体电池，右边是温度最高的单体电池

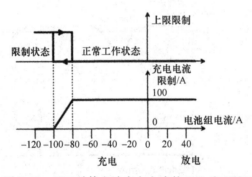

图 5.50　基于单体电池充电电流的 CCL 和 HLIM

着脉冲电流的反应时间。

$$限制值 = \int \frac{(实际电流 - 连续限制)}{(峰值限制 - 连续限制)} \, \mathrm{d}t > K \qquad (5.2)$$

电池组电压。BMS 的监控器可能还会对电池组的电压进行监控，防止超过某个特定的范围，详见 3.2.1.1 小节。BMS 会在单体电池电压达到限制值时降低 CCL，并使 HLIM 生效，如图 5.51 所示。

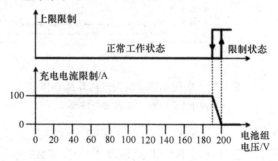

图 5.51　基于电池组电压的 CCL 和 HLIM

2. DCL 和 LLIM

BMS 根据以下内容中的一项或多项决定是否启用 CCL 和 HLIM：

- 电量最少的单体电池的电压。
- 放电时的最高和最低温度。
- 放电电流大小。
- 整个电池组的电压。

如图 5.52 所示，除了应用的是低单体电池电压这一点之外，BMS 决定何时启用 DCL 与 LLIM 的方式与 CCL 和 HLIM 非常相似；单体电池的放电温度范围也大于其充电温度范围，如图 5.53 所示；放电电流一般也高于充电电流，如图 5.54 所示；图 5.55 所示为电池组的电压。

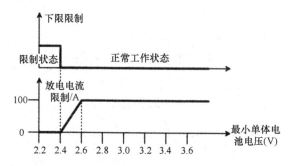

图 5.52 基于最小单体电池电压的 DCL 和 LLIM

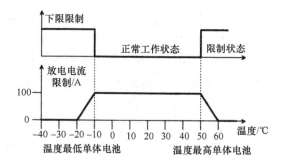

图 5.53 基于单体电池温度的 DCL 和 LLIM

### 5.4.3.2 SOC 和 DOD 的估算

尽管在 BMS 内部，SOC 和/或 DOD 没有实际用途，但是对于用户和外部系统来说，这两个值却是非常有用的。DOD 和 SOC 的估算可能是 BMS 设计过程中的一个最难点。无论所用的算法多么高端，在实际应用中，对它们的估算总是不够精确。事实上，当用户进行 BMS 设计时，对这个问题都没有什么好的解决办法，我们也一直在对 SOC 的估算进行探讨。

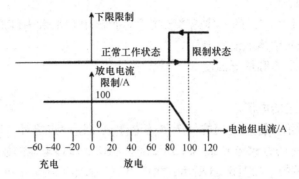

图 5.54 基于电池放电电流的 DCL 和 LLIM

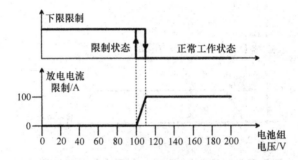

图 5.55 基于电池组电压的 DCL 和 LLIM

如果读者的主要目的是给电池组提供保护,那么当知道 SOC 并不参与任何管理电池组的活动时,可能会比较欣慰,SOC 的唯一功能就是为系统的其他组件和用户提供指导。另一方面,如果用户使用的电池突然间"没电"了,那么用户可能会感觉到很沮丧,即使此时 BMS 显示电池内部仍有电量存在。因此,从这种考虑来说,SOC 估算还是非常重要的。

在 3.3.1.1 小节中,我们了解到 DOD 和 SOC 并不是两个完全相反的变量。同时,也知道采用电压转换和库伦计算相结合的算法在 SOC 估算中可以取得较好的结果(详见 3.3.1.3 小节)。初步看来,读者可能会认为我们拥有足够的信息来为 SOC 估算设计一个绝佳的算法。然而实际上,如果在实验室的环境中,确实是这样。但是不幸的是,在实际应用中存在着各种各样的局限导致了方法的失效。这些局限性主要包括:

- 电池的变化(电池与电池之间,以及电池内部)。
- BMS 硬件限制。
- 实际应用中的各种限制。

电池变化是影响 SOC 估算的主要限制,其主要有

- 内阻变化：带载时，电池的终端电压与 OCV 完全不同。电池的内阻随着 SOC、温度和寿命产生剧烈的变化。
- 松弛效应：电流中断后，电池电压还要经过很长的一段时间才能够恢复到 OCV 的状态。

BMS 的硬件存在两种比较大的局限性，即

- 电池电压测量的粗分辨率会限制电压转换的精度。
- 电流传感器读数的偏移将会导致库伦计算结果的漂移，并且这种漂移会随着时间积分累加。

每种不同的应用模式都会产生一系列对 SOC 估算影响的问题，包括

- 有些应用模式下，电池永远无法处于满充状态（例如 HEV 中），这使得 SOC 在最大值时很难校准。
- 有些应用模式下，电池永远不会满放（例如 HEV 中）或者很少处于满放状态（例如 EV 中），这使得 SOC 在最小值时很难校准。
- 在很多应用模式下，电池并不能一下子由满充状态放空，这使得测量到的电池容量并不可靠。
- 在一些应用模式下，电池一直处于连续的非额定充放电状态（例如 HEV 中），这使得库伦计算的结果变得不可靠。
- 在一些应用模式下，电池电流是一个常数（例如用作恒功率备用电源），这使得电池内阻很难测量。
- 在一些应用模式下，很少对电池进行放电循环。在两次循环之间，电池的条件可能会发生很大的变化，以至于前一个循环中测量的容量和内阻在下一个循环中变得不再准确。

理想的 SOC 估算算法可能更适用于不知道运行特性，也不需要进行初始周期标定的电池。对于这样的电池可以测量下列参数：

- 连续的真实电池内阻，即使电池的电流恒定不变。
- 定期的电池的真实容量。
- 电池 SOC，即使电池从没有进行满充和/或满放。
- 电池充电后的自放电和补偿损失。

少数 BMS 专家应用在这些问题上设置特别的约束条件在 SOC 估算方面研发出了较为智能的算法。其中，最值得注意的是 Texas Instruments 的工程师提出的解决方案，他们通过集成电路（同样是在一些特定的约束条件下）在几个百分点内实现了 SOC 的估算。下面列出了一些较为优秀的算法。

阻抗追踪法（Impedance tracing）是 TI 的工程师提出的一种 SOC 估算技术。这种算法严格依赖于精确的单体电池模型，通过精准的单体电池模型可以知道在一定条件下的电池内阻，由此可以把单体电池的终端电压转化为其开路电压，并

据此进行电池的 SOC 估算。这项技术非常适用于安装在电池外部的 BMS（系统侧电池管理系统），且电池上没有其他电子器件。一旦电池进行了更换，BMS 必须根据单体电池电压快速估算出其 SOC。这种 SOC 估算方法较适合应用于小型消费类电子产品，但是却不适用于大型锂离子电池组，当然，大型锂离子电池组是本书研究的重点。

TI 的阻抗追踪法适用于事先知道所用电池特性的 BMS，这种情况或许对于定制型 BMS 来说是可以的，但对于规模化的 BMS 却不适用。无论对于定制化的还是规模化的 BMS，一旦单体电池在一定的使用期之后，该方法能否使用的关键点都在单体电池的内阻上，因此该种方法依赖于准确的单体电池模型，一旦经过了一段时间，该种方法就变得不是很有效。

实时内阻测量是另一种明显不同的方法。这种方法不但具备阻抗追踪法的所有优点，此外还具有不需要提前知道精确的电池模型的优点。然而，内阻测量仅在电池电流变化时才能进行，这在大部分电池实际应用场景中是不现实的。例如，当使用充电设备充电时，充电电流恒定不变，如果仅仅为了测量单体电池内阻就开通和关断充电设备是无法被接受的。即使这样做可以被接受，单体电池电压也要经过很长一段时间才能恢复至开路电压状态（数分钟之内），这使得内阻测量变成了一个极其耗费时间的过程。在充电即将结束时对单体电池电阻的频繁测量是非常关键的，因为此时电池内阻会快速变大，这会降低之前测量结果的有效性。

混合动力汽车（HEV）的 BMS 采用了另外一种不同的 SOC 估算方法。由于电池组的 SOC 始终在 50% 左右，无须进行电压转换，所以其 SOC 估算主要依赖库伦法进行。计算得到的 SOC 总是与实际的 SOC 存在一个漂移偏差，单体电池电压将会到达电压与 SOC 曲线的一端或另一端。此时，BMS 将会检测到单体电池的电压过高或过低，并以此为依据对计算的 SOC 进行校准。实际上，为了得到能对 SOC 校准有用的电池电压，HEV 偶尔也会主动地将电池满充。但是值得注意的是，这样做的是 HEV 中的电子控制单元（Electronic Control Unit，ECU）而不是 BMS；HEV 对于整车有着充足的了解，它甚至可以推断出车子是否位于高速上、在高速上运行了多久或者过段时间车子可能要上高速，因此在不远的将来，可能不再需要通过电池组来实现对车辆的行进或停止进行控制了。对于 HEV 来说，就有了充足的时间可以电池组 SOC 进行校准。

在 SOC 估算这一点上，我本希望本书能为你提供一个理想的、普遍的算法。但很不幸的是，我尽力能做的就是为着实现目标提供一些不是那么完美的建议。

首先，用户需要在 BMS 中选出如下数据：

1）电池额定容量。

2）电池 OCV 与 SOC 曲线中的四点坐标（SOC 与电压），如图 5.56 所示：

- Full（F）：满充点（如对应 100% SOC 的 3.6V）；
- Top（T）：电压和 SOC 的 Top 点（如对应 95% SOC 的 3.4V）；
- Bottom（B）：电压和 SOC 的 bottom 点（如对应 15% SOC 的 3.0V）；
- Empty（E）：电压满放点（如对应 0SOC 的 2.5V）。

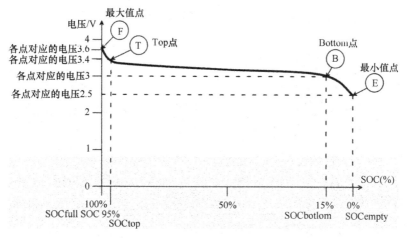

图 5.56　用于 SOC 估算的 OCV-SOC 曲线

然后，BMS 将应用如下算法：

1）随时测量单体电池的内阻。

2）始终保持对单体电池电压进行 IR 补偿并获得 OCV。

3）充电时，如图 5.57a 所示。

- 如果所有电池的电压均低于 V-top，对电池电流进行安时积分计算出 DOD（A·h）。根据给定的额定容量，将计算出的 DOD 转化为 SOC。如果电池的 SOC 超过了 SOC-top，将电池的 SOC 在 SOC-top 点保持住并将其转化为 DOD。

- 否则：根据 SOC-top 与 100% SOC，V-top 与 V-full 之间的直线将 OCV 转化为 SOC，根据给定的电池额定容量，将 SOC 转化为 DOD。

4）放电时：如图 5.57b 所示。

- 如果所有电池的 OCV 均低于 V-bottom：对电池电流进行安时积分计算出 DOD（A·h）。根据给定的电池额定容量，将计算得到的 DOD 转化为 SOC。如果 SOC 低于 SOC-bottom 点，将其在这一点保持住并将其转化为 DOD。

- 否则：根据 SOC-bottom 与 0SOC、V-bottom 与 V-empty 之间的直线将 OCV 转化为 SOC；再根据给定的额定容量，将 SOC 转化为 DOD。

### 5.4.3.3　内阻的计算

清楚地了解电池组中每个单体电池的内阻具有两方面的优点：

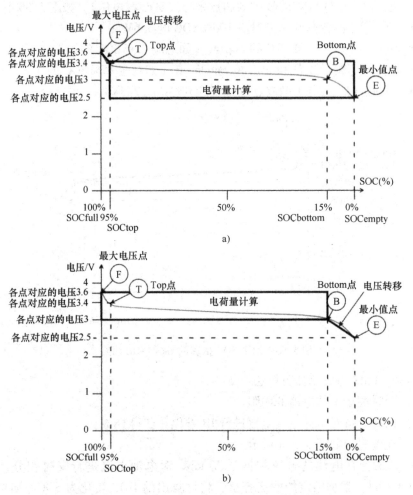

图 5.57　一个可能适用于 SOC 和 DOD 计算的算法
a）充电　b）放电

- 可以对电池电压的 IR 跌落进行补偿。
- 可以作为 SOH 估算中的一个参数。

由图 5.58 可知，单体电池的内阻可以根据电压和电流曲线中任意两点间的斜率进行计算。如果电池电流变化较为剧烈，那么 BMS 可以通过测量某两个电流点对应的电压值来计算单体电池的内阻，计算公式如下：

$$R = (V1 - V2)/(I2 - I1) \tag{5.3}$$

注意，计算公式中电压与电流之间的反向对应关系。这是因为随着放电电流增大，电池的电压不断下降（放电电流假定为正）。这种计算方法只在某一点的电池电流为 0A 或者某一点之外的那一点处于放电状态时才有意义。

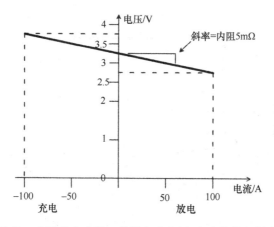

图 5.58　内阻的大小等于单体电池电压-电流曲线的斜率值

### 5.4.3.4　容量的测量

清楚地了解电池组的真实容量也具有两方面的优点：

- 有助于将 DOD 转化为 SOC。
- 可以作为 SOH 估算的一个参数。

如果电池从满充状态（直至充电电流将至 0）进行放电一直到满放状态（或者处于低电流放电状态，或者通过 IR 补偿来确定电池处于满放状态），其实际容量可以直接测量得到，但是想要得到准确的电池容量必须要在一个相当短的时间内完成这样的一个充放电循环。因为只有这样因电流传感器的输出漂移而导致的 DOD 计算误差才足够小。由此看来，电池的实际容量即为其完全放电时的DOD，如图 5.59 所示。同理，电池的实际容量其实也可以通过将电池由全空状态充电到满充状态的方式获得。

### 5.4.3.5　SOH 的估算

由 1.4.3 节的内容可知，SOH 的估算较为随意，因为它并不对某个特定的物理参量进行测量。BMS 可能会使用一个或者多个带有任意权重因子的物理参数来估算 SOH，这些参量一般包括：电池内阻增大、实际容量衰减、充/放电循环次数、自放电率以及更新换代时间。有时，接受电荷的能力也可以作为一个参量，但它同样也能通过转化为电池内阻和实际容量，因此它并不算是一个独立的参变量。

可能读者最喜欢选用的就是仅根据电池充放电循环次数来确定的最简单的SOH 定义，如图 5.60a 所示。其计算公式如下：

$$SOH = 100 \times (1 - 循环次数/额定循环次数) \tag{5.4}$$

当然，这样的定义或许会带来一些问题：循环过程与那些因素有关？如果从系统的角度回答这个问题，那么相关的因素其实很多，例如 HEV 中的浅循环。

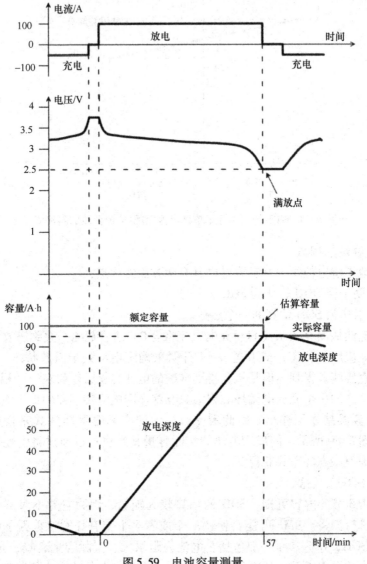

图 5.59　电池容量测量

在 HEV 这样的应用模式下，循环的定义变得毫无意义。

作为备用的电池系统很少进行放电，因此其循环次数几乎不能作为测量 SOH 的根据。此时，读者或许可以应用电池的更新换代时间来对其 SOH 进行估算，如图 5.60b 所示。其估算公式如下：

$$SOH = 100 \times (1 - 使用年限/额定日历寿命) \tag{5.5}$$

在可对电池容量进行计算的系统中，读者或许可以根据电池的实际相对容量对其 SOH 进行估算，如图 5.60c 所示。其估算公式如下：

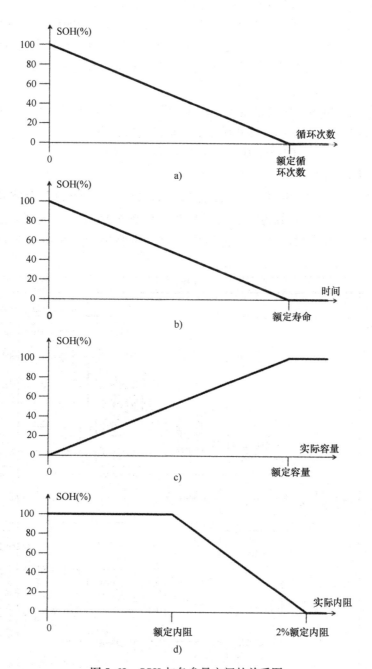

图 5.60  SOH 与各参量之间的关系图

a) 与循环次数  b) 与电池使用年限  c) 与电池容量  d) 电池内阻

$$SOH = 100 \times (1 - 实际容量/额定容量) \tag{5.6}$$

有些系统（比如 HEV）把电池组作为功率源（相对于能量源）使用，电池组中的能量不会被完全利用，因此无法测量电池组的容量。在这样的系统中，电池组容量的损失无关紧要，因此实际上根据容量损失来计算 SOII 也变得毫无意义。

在能够测量电池内阻的系统中，读者可能可以根据电池的实际相对内阻对电池的 SOH 进行估算，如图 5.60d 所示。其估算公式如下：

$$SOH = 100 \times (1 - 额定内阻/实际内阻) \tag{5.7}$$

### 5.4.3.6 评估框图

图 5.61 给出了电池系统评估过程的流程框图。左侧为 3 个测量量：单体电池电压、电池组电流和单体电池温度。右侧列出的是系统通信过程中可能会涉及 17 个参变量。中部的是过程参数，主要用于展示各变量之间的依赖关系。

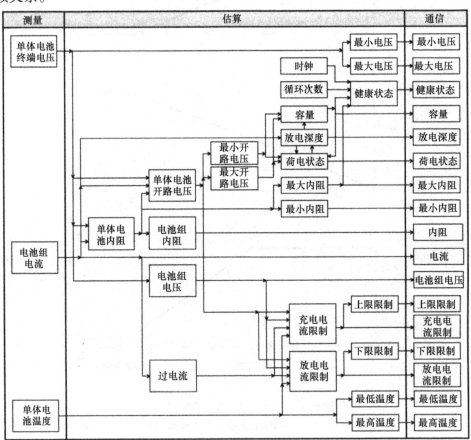

图 5.61 评估过程框图

## 5.4.4 通信

在介绍完测量和评估功能后，下面针对 BMS 与外部系统的通信功能进行介绍。为了实现对电池组的保护，BMS 通信至少要能够实现对电池电流的复位或中断（或者能够启动加热或冷却装置）。仪表中并不具有通信功能，但是所有其他的数字 BMS 均需要具有通信功能。

通信功能能够通过专用的通信线路或者数据链来实现。应用专用信号线来实现特定的功能更便于理解也更便于故障排查，这使得信号线缆在一些简单项目或者非专业项目中得到了广泛应用。

### 5.4.4.1 专用线缆

功能全面的 BMS 中需要使用大量带有很多引脚的连接器，并需要线缆对其进行连接，这需要花费大量的时间和精力，会造成线缆不再适用于应用级设备。在这样的前提下，使用数据链变得更加合理。

专用线缆的接口可以分为两类：数字型（开/关）和模拟型。

1. 数字型

如果读者认为本书所描述的数字型线缆只是具有逻辑接口的线缆（0 和 1），那么你就大错特错了，本书所指的数字型线缆还包括那些只具有 1 或 2 种状态之一的线缆，例如开路线缆和接地线缆。

（1）输出

数字型输出的形式：

- 标准的 CMOS 逻辑输出，如图 5.62a 所示为 0V 或 5V。
- 这种类型虽然较为好用，但是不够灵活。
- 集电极开路型（见图 5.62b）/漏极开路型（见图 5.62c）：或接地，或开路。
- 更加灵活，可被用于驱动小型负载（继电器指示灯）或逻辑输入线路（带有上拉电阻的 5V 供电电源）。
- 实际上，以地线为基准的输出存在一定的局限性：因缺少隔离，易产生接地回路。
- 不能工作于高压环境下（从 20V 最大至 100V）。
- 只能带有直流负载。
- 固态继电器型（SSR)/光电隔离器型（见图 5.62d）。
- 与前者相同，但是可隔离。
- 需要额外设置反馈线缆。
- 触点型：由机械继电器控制两条线缆短接或者开路（见图 5.62e）。
- 这是最灵活的方式，并且可以涵盖所有的输出类型。

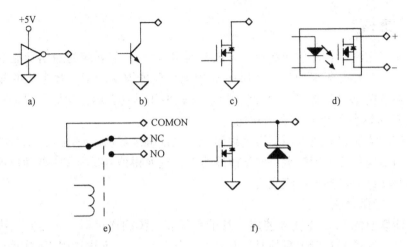

图 5.62　输出类型

a) 逻辑型　b) 集电极开路型　c) 漏极开路型　d) 固态继电器型　e) 继电器型　f) TVS 保护型

- 能够工作于交流环境。
- 带有三根线缆，继电器的 NC、C 和 NO 终端具有通用性，可以进行拓展。
- 相比于其他电力元件来说，继电器价格略高，寿命虽然很长但也有一些局限性。
- 大部分的继电器接口被设计为只能或工作于低电流（干接点）条件下或工作于高电流条件下（功率源），但不能同时应用在两种条件下。通过在继电器输出端外接负载可以使高电流继电器应用于低电流环境中（详见 5.4.4.1 小节）。

若不考虑成本和线缆数量，推荐使用继电器输出。如果仅考虑成本及可靠性，不考虑线缆的数量，则推荐使用 SSR。如果仅考虑线缆数量，则推荐使用开路型集电器。在这种情况下，BMS 的输出或许可以设计成用来管理一定数量的电流（例如 1A），而且其实其成本并不比管理小电流的输出（例如 10mA）高。

通常情况下，一个输出信号驱动一个继电器线圈。当输出关断后，线圈中的电感将会在输出信号中产生感应现象。因为没有人知道在继电器中为线圈并联一个多大的二极管能够消除感应现象的影响，所以需要在系统输出时采取一些消除感应干扰的保护措施，或者在供电线路上增加一个电容器和一个二极管，又或者对输出进行瞬态电压抑制（Transient Voltage Suppressor, TVS）。电容器并不是一个好的选择，因为在输出开通的瞬间电容器会产生一个励磁涌流。应用二极管也许会产生很多问题，因为它为感应电流提供了一个流向 BMS 控制器电源的通路，并且当继电器工作电压于高于控制器电源电压时，二极管无法工作。因此，TVS 是最好的选择，因为它不存在上述方法的那些缺点，并且可以以最快的速度降低继电器线圈中的电流，提升系统切断负载的能力。TVS 的电路结构如图 5.62f 所示。

（2）输入

数字型输入形式：

● 标准 CMOS/TTL 逻辑电平，其电路结构如图 5.63a 所示为 0V 或 5V（实际上是小于 0.8V 或大于 2V）。

● 这是一种非常全能的输入方式，此方式还可以被用于逻辑输出、开放式集电极/漏极输出、继电器和 SSR。

● 在输入设备上增加保护装置（噪声滤波器、限流电阻 R-lim），其性能会变得更加优良，因为它们可以由 12V 或 24V 的信号直接驱动。

● 通过为内部电源增加一个上拉电阻（Rpull-up），可以通过接地开关直接驱动（开放式集电极/漏极输出、继电器和 SSR）。

● 通过增加大型电容器（Cin），可以被接地的额定功率开关直接驱动（开始开关处于闭合状态，电容器 Cin 放电，通过产生的大电流脉冲清理开关触点上的残留电荷）。

● 技术上来说，这种输入形式只能工作于直流输入模式，但实际上可以通过设置使其工作在交流条件下。可以通过使用内部滤波器（比如软件）对 50/60Hz 的开关频率进行调整保证其可以工作于交流驱动下。

● 以地为参考：因为没有隔离器，易产生接地回路。

● 光电隔离器，其电路结构如图 5.63b 所示：

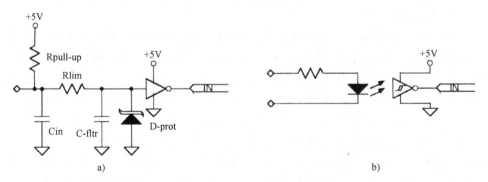

图 5.63　输入类型

a）逻辑型　b）光电隔离器

● 与前文所述相同，但是增加了隔离器。

● 通过合理设置可以工作于交流条件下（利用光电隔离器的背靠背 LED 或者桥式整流电路实现对隔离器的驱动）。

如果不考虑成本及线路的数量，推荐使用光电隔离器。否则，配置一个数字输入设备就可以了。只要在设备上串联一个电阻保证设备不会受到偶然过电压（线电压或者电池组电压）的损害就好。

2. 模拟输入

应用模拟输入设备来读取电池电流在5.4.1.2 小节中就有介绍。模拟输入还具有其他的功能，但是并不常用。另一方面，模拟输出反而更有用。

- SOC 输出可以驱动模拟剩余电量检测设备（或者是带有模拟输入的数字型剩余电量检测设备）。

- 当有需要时，CCL 的输出能够控制充电设备中模拟输入从而达到减小电流的目的。

- DCL 输出可以通过采用例如减小节流阀开度的方法来减小负载电流，详见 6.1.3.3 小节。

在理想状态下，模拟输出可以通过 A-D 转换器生成，如图 5.64a 所示。带有 8bit、10bit 和 12bit 分辨率的多路转换器已经得到了广泛的应用（对于 BMS 来说，8bit 的转换器足够）。通常情况下，微控制器可以通过标准的 I2C 或者 SPI 总线实现对它们的控制。此外，模拟输出还可以通过微处理器的 PWM 产生，经过滤波，然后通过电压跟随电路中的运算放大器进行缓冲，如图 5.64b 所示。

### 5.4.4.2 数据链

本书在 3.4.3 小节中曾对不同的数据链和其总线结构进行了介绍。本小节中将针对数据链的硬件、软件以及协议进行介绍。

1. 串行端口

在 BMS 中应用 RS232 端口是比较容易的，因为大部分的处理器中都包含有一个通用异步收发传输器（Universal Asynchronous Receiver/Transmitter，UART）。唯一需要增加的就是一个 RS232 缓冲设备。缓冲设备通常情况下都包含能够使其供电电源达到 RS232 标准规定的电压的电荷泵，并且具有防静电释放（Electro-Static Discharge，ESD）的功能。目前标准的 RS232 连接器都是标准的 9 头插座（DE9⊖），能够很容易与预装了 Windows 或 Linux 的计算机相连，如图 5.65 所示。目前，很少有台式计算机上还装有串行端口，并且大部分的笔记本电脑中也没有串行端口，因此，通常在 BMS 与计算机之间需要加设能够实现 USB 与 RS232 接口转换的适配器。

---

⊖ DE9 中的 "E" 用于表达外壳的尺寸，而 "B" 尺寸外壳的设备常用于 DB25 连接器中。

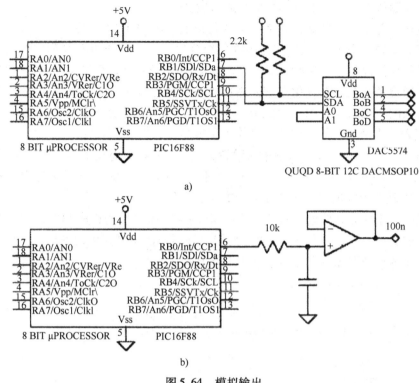

图 5.64  模拟输出

a) 通过 DAC  b) 通过 PWM

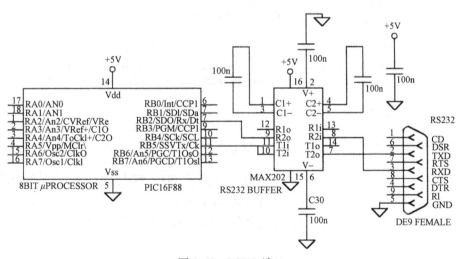

图 5.65  RS232 端口

## 2. CAN 总线

在这一部分中，首先针对 CAN 总线中最复杂的阵列选择进行讨论。本书采用给出小建议的方式尽量使其变得浅显易懂。

应用。首先，也最重要的是，不要尝试自己开发 CAN 引擎<sup>⊖</sup>。相反，直接采用带有 CAN 引擎的处理器作为硬件更加合适。例如，PIC18F 系列中的很多微型芯片处理器都包含有 CAN 引擎，Atmel 公司的 AT89C51CC03C 系列芯片也是如此。通常情况下，CAN 引擎都是由那些非常熟悉 CAN 通信中的那些错综复杂相互关系的专家们开发的，因此其性能优良，用户并不需要再自行开发。有了 CAN 引擎，那么软件的工作就相对简单了很多。

第一，需要对 CAN 的参数进行设置，然后当接收到有用的消息时 CAN 引擎会发送一个中断信息。为了实现信息的传递，还需要设置一个缓冲区，这样 CAN 引擎就能很好地实现对缓冲区中的信息管理。

第二，不要尝试着编写 CAN 程序。利用生产商提供的程序库就好（芯片生产商专门提供了 C 语言例程）。生产商们允许用户使用更高级别的调用，但是不允许用户强行获取每位寄存器的具体工作方式。

```
Baud rate registers

#DEFINE    BRP500_    0 ; Baud Rate Prescaler bit for 500 kHz
#DEFINE    BRP250_    1 ; Baud Rate Prescaler bit for 250 kHz
#DEFINE    BRP125_    3 ; Baud Rate Prescaler bit for 125 kHz


; Time Quanta

#DEFINE    PRSEG_     2 ; Propagation time 2 = 3 Tq
#DEFINE    SEG1PH_    7 ; Phase Segment 1 time 7 = 8 Tq
#DEFINE    SEG2PH_    7 ; Phase Segment 2 time 7 = 8 Tq
#DEFINE    SJW_       1 ; Synchronization jump width time 1 = 2 x Tq


; Flags

#DEFINE    SEG2PHTS_ 1 ; Phase Segment 2 Time Freely programmable
#DEFINE    SAM_       1 ; Bus line is sampled three times prior to the sample point


#DEFINE    WAKDIS_    1 ; Disable CAN bus activity wakeup feature
#DEFINE    WAKFIL_    0 ; CAN bus line filter is not used for wakeup
#DEFINE    ENDRHI_    1 ; CANTX pin will drive VDD when recessive
#DEFINE    CANCAP_    0 ; Disable CAN capture, RC2/CCP1 input to CCP1 module
```

第三，如果用户不会对 CAN 总线进行设置，可以尝试着从运行于 20MHz 的 PIC 处理器着手，然后在此基础上进行适当的修改。

第四，应用 CAN 引擎滤波器来接收消息。不要尝试着在软件上实现滤波，

---

⊖ ElCon 充电器的工程师们在软件中设计了一种能在 RS232 线路中驱动 CAN 缓冲器的控制器区域网络引擎。在这种设计下，CAN 总线上只通过系统预期存在的信息。若 CAN 总线上每秒出现超过一条信息时，控制器区域网络引擎将会被冻结。

这样会浪费处理时间。同时，作者建议不要采用对 CAN 引擎进行轮询的方式来确定某个消息是否成功接收，可以在收到消息的同时，应用中断模式让软件对消息进行管理。这样就避免了在前一条信息没有被完全利用时，接受缓冲器中的信息就被新的信息占用了。

第五，使用正确的工具。应用一个 CAN 与 USB 的转换适配器（可以参考 c-a-n. com、canusb. com、kvaser. com 和 rmcan. com）能够帮助用户在 CAN 总线上实现对信息的监控。确保所使用工具中的软件系统至少能够完成以下两项任务：

- 具有两种显示模式：一个随时间滚动的列表或者消息的接收前台，新的消息从底部显示；一个根据 ID 排序的固定列表，列表中同一 ID 的旧信息会被新信息所替换。

- 可以生成接收消息的日志文件。

如果是工作于车辆生产中，那么可以采用一根 OBD-Ⅱ适配器电缆和一套扫描工具（就像 Actron、Equus 或 OTC 一样，两者相互独立；或者作为计算机的加密狗，例如 Auto Enginuity）。

标准牵引包信息。本书将提出一系列的为大容量电池组定制的 CAN 信息，这些信息已经被许多生产商所采用，希望有一天这些信息能够变成一个标准，详见表 5.6。需要注意的是

- 时间为 1s。

- 多字节值是大字节序：最重要的信息位（MSB）在较低位的数字编码位（表中左侧的大部分位）。

- 首位信息的 ID（表中的 ID0）是通过程序设置的（默认 ID 是 620H）。其他信息的 ID 则接着第一位依次标注。

SAE J1939 标准。SAE 已经为应用于重型车辆的一系列 CAN 信息制定了标准集（J1939），例如冷却液温度和 RPM 引擎。相比于之前介绍的标准信息，这些信息非常复杂。它们具有能够被建立成通用标准的优势，但是它们也有着通常不被客用汽车设备采用的劣势。然而，这些标准中包含着实际应用中牵引电池组的一些相关参数，但是却不包含能够反映锂离子电池组运行细节的一些信息。因此，使用 J1939 标准的设计者面临着需要自行创造一些专用信息的挑战，这在本来就很复杂的 J1939 模式上又增加了新的负担。更糟糕的是，此标准并不公开发表，并且其价格极其昂贵，一般只有汽车生产商才负担得起。CAN 总线中有两个设备与 J1939 兼容，但是我们谈论的并不是像冷却液温度那样简单的问题，因此两者无法采用相同的标准，它们中的一个必须要进行定制。因此，相比于使用 J1939 还不如重新定义一个专用的信息集，因为无论将 J1939 应用于哪个 BMS 之中都没什么优势，并且可能还会带来一些麻烦。

表5.6 标准牵引包信息

| ID | 位 | 位0 | 位1 | 位2 | 位3 | 位4 | 位5 | 位6 | 位7 |
|---|---|---|---|---|---|---|---|---|---|
| ID0+0 | 8 | BMS 数据1[1] | | | | | | | |
| ID0+1 | 8 | BMS 数据2[1] | | | | | | | |
| ID0+2 | 8 | 状态[2] | 定时器[3] | 标志位[4] | 故障[5] | 警告[6] | | | |
| ID0+3 | 6 | 电池组电压[7] | 最小电压[8] | 最小电压 ID[9] | 最大电压[8] | 最大电压 ID[9] | | | |
| ID0+4 | 6 | 电流[10] | 充电抑制[11] | 放电抑制[11] | | | | | |
| ID0+5 | 8 | 电池组输入能量[12] | 电池组输出能量[12] | | | | | | |
| ID0+6 | 7 | SOC[13] | DOD[14] | 容量[15] | 00h | SOH[16] | | | |
| ID0+7 | 6 | 温度[17] | — | 最小温度[18] | 最小温度 ID[8] | 最大温度[18] | 最大温度 ID[8] | | |
| ID0+8 | 6 | 电池组内阻[19] | 最小内阻[20] | 最小内阻[8] | 最大内阻[20] | 最大内阻[8] | | | |

[1] ASCII 数据，例如硬件或软件平均水平，串行端口编码，模型数据编码。

[2] 系统状态。

[3] 上电时间（s）。65535s 后回到 0 点。用于协助判断 BMS 是否挂起的时钟。

[4] 由 BMS 设计者定义的标志位。

[5] BMS 设计者定义的错误标志位。

[6] BMS 设计者定义的警告标志位。

[7] 整个电池组的电压。

[8] 充电最多和充电最少单体电池的电压。

[9] 拥有最高和最低电压/温度/内阻的单体电池的 ID。

[10] 电池组电流。

[11] 可接受或可利用的最大电流。

[12] 电池的全部输入和输出能量。

[13] 荷电状态。

[14] 放电深度。

[15] 电池组实际容量。

[16] 健康状态。

[17] 电池组平均温度。

[18] 温度最高和最低传感器的温度。

[19] 整个电池组的内阻。

[20] 最高和最低的单体电池内阻。

参数识别。参数识别（Parameter Identifiers，PID）是汽车设备中一些通过板载诊断连接器请求数据的代码集。从 1996 年起，这些代码都必须通过车辆系统的 CAN 总线进行传输。通常情况下，汽车技术员会在连接于汽车设备的 OBD-Ⅱ连接器扫描设备中应用参数识别。

- 技术员使用参数识别工具。
- 扫描工具通过 OBD-Ⅱ连接器向汽车的 CAN 总线发送参数识别请求。

● 位于 CAN 总线上的电子控制单元（Electronic Control Unit，ECU）回应 PID 请求，并向总线传输被请求的参数值。

● 扫描工具接收到返回的信息将其展示给技术人员。

SAE 在标准 J1979 中对标准的 PID 进行了定义，因此只有汽车生产商才能买得起。维基百科中有很多关于 OBD-II_PID 的文章，这些文章通过一些逆向工程提供了很多有关于参数识别的信息（可以给那些买不起标准的设计者提供一些有用信息）。

类似于 J1939，标准 J1979 也对汽车产品中类似于冷却液温度这样的一些条目进行了定义，但这些条目大多不适用于锂离子牵引电池组。因此，BMS 的设计者再一次面临着定义专用参数识别标准集的困境。

参数识别需要的参数包括：

● 单体电池：

　● 状态、电压、温度、内阻和 SOC。

● 电池块：

　● 状态，无论是非汇报的单体电池还是未连接的单体电池。

　● 单体电池的最小电压、平均电压、最大电压、温度和内阻。

　● 总电压和总内阻。

● 电池：

　● 状态，无论是非汇报的单体电池还是未连接的单体电池。

　● 单体电池的最小电压、平均电压、最大电压、温度和内阻。

　● 总电压和总内阻。

● 电池组：

　● 状态，无论是非汇报的还是未连接的电池块或单体电池。

　● 电芯的最小电压、平均电压、最大电压、温度和内阻。

　● 总电压和总内阻。

　● SOC、DOD 和容量。

　● SOH。

　● 功率，输入能量、输出能量。

● 系统：

　● 状态。

　● 循环次数和循环时间。

　● 错误和告警信息。

　● 输入和输出状态。

　● 电池组电流。

　● 软件及硬件的修正信息。

参数识别有时还会被用于检索存储的错误代码、在系统错误时锁定信息和清除错误代码。

作为参数识别信息的开始部分，请参照如下定义：

- 给 ID 为 0745h 的单体电池发送请求。
- 接收 ID 为 074Dh 的单体电池返回的信息（无论返回的 ID 是 08h 或者更高）。
- 应用 8 位数据，确定是否所有的位都被利用。

### 5.4.4.3　显示

有些例外，向用户展示 BMS 的状态是整个系统最重要的一个功能。例如，在一辆汽车中，用户希望仪表板不仅仅显示牵引电池组的信息，还要显示整辆汽车所有的状态信息。如果读者为自己的 BMS 设计显示装置，那么通常情况下应该还要增加其他的显示参数（如速度、位置以及胎压），但这些参数与 BMS 并没有什么关系。如果这样做，读者就会明白为什么为 BMS 开发一套显示设备是不现实的。相反，BMS 应该可以为其他的系统提供查询其状态的方法（详见 5.4.4.2 小节），还可以为专门的用户（一般用户、设计工程师或故障排除技术人员）显示出不同层次的详细数据。

1. LED

在 BMS 中应用 LED 显示灯对于故障排查是非常有意义的。例如，安装于分布式单体电池电路板上的 LED 能够指示单体电池是处于正常工作状态还是处于均衡状态。安装于集中式 BMS 上的 LED 可以对电池的均衡状态进行显示。安装于主控制器上的 LED 能够显示的状态包括：目前的供电状态、目前 5V 电源供电状态和每个输入输出的状态。

然而，在汽车这样的实际应用环境中，并没有应用 LED。在这样的领域里，可能更倾向于在故障排除中使用电压表和扫描工具，并且可能得益于应用 LED 的 ECU 也都被隐藏或者安装在某个金属外壳之中，使得它无法得见。

2. 燃料表

一例外的原则认为显示并不是 BMS 的工作，而是一个电池剩余电量检测表的功能，类似于给用户提供可视信息的燃料表（比如安装在仪表盘上）。这样的显示功能对于加装了牵引电池的汽车来说是非常方便的，尤其是在 HEV 和 PHEV 中，因为它们需要同时安装实际的燃料表（汽油表）和牵引电池燃料表。其燃料表显示的可以是一个由 BMS 的 SOC 模拟输出驱动的模拟型电压表，当然也可以应用 LED 条形图。该条形图可以由 BMS 通过很多不同的方式进行控制，如通过一个专用的数字端口、一个 SOC 模拟输出（LM3914V 型 LED 条形图的驱动器可以被用来将一个 0 ~ 5V 的输入转换为 10 个 LED 的驱动输出）或 CAN 总线，如图 5.66 所示。

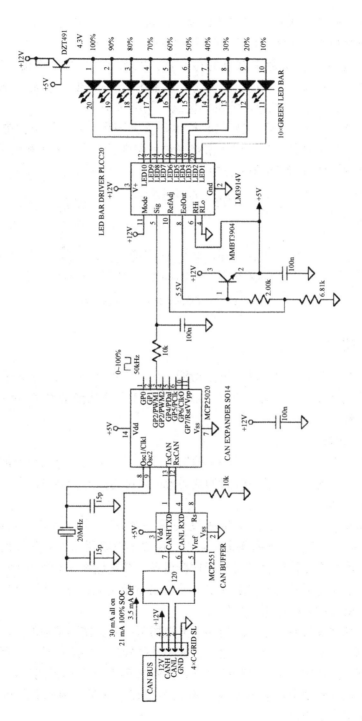

图 5.66 CAN 总线驱动 SOC 的显示实例

### 3. 全显示

目前,全显示型 BMS 显示装置 (字母数字式或图形式) 还处于样机研制及实验室研究阶段。全显示系统显示的内容包括:

- 一个能够显示数字信息的显示器:电池组的电压、电流、SOC、温度,单体电池电压范围以及系统状态 (警告或报警)。有时也需要显示 SOH、输入输出状态、SCL、DCL、功率和能量等信息,如图 5.67 所示。
- 一台以条形图形格式显示 SOC 和以直方图形格式显示电池电压的显示器 (库伦图)。有时还需要以条形图形格式显示温度、电流、电压和功率。
- 专用于显示某个/些单体电池或电池状态的显示器。

图 5.67   锂离子电池 BMS 图形屏幕

## 5.4.5   优化

在介绍了测量、评估以及通信功能之后,下面将对 BMS 的下一个功能即电池优化功能进行介绍,例如 SOC 均衡功能。实现此功能的设备仅包括均衡器和保护器两种。

### 5.4.5.1   均衡

本书在 3.2.3 节中已经对电池的均衡进行了介绍,并对主动与被动均衡两种模式进行了对比。下面我们针对均衡系统的实际电路进行讨论。

#### 1. 被动均衡

被动均衡比较简单,需要的仅仅是一个简单的电阻器,其电路结构如图 5.68a所示。当然,均衡系统也可以采用除了电阻器以外的其他设备。与电流源相连接的功率晶体管也可以作为均衡设备,其电路结构如图 5.68b 和图 5.68c所示。虽然这种形式需要更多的组件,但是对于给定功率等级的均衡操作来说,功率晶体管要比功率电阻更加经济。

在高功率等级系统里,应用多个电阻器可能要比使用单独的高功率等级电阻器或者单独的晶体管更昂贵。但是,如果从热管理的角度来看,应用多个低热量的组件要好过应用一个高热量的组件,如图 5.69 所示。电磁能量辐射 (光辐射、红外辐射和射频辐射) 比对流更能降低电阻器的热量,因此要尽可能减少使用进行热量管理的组件。

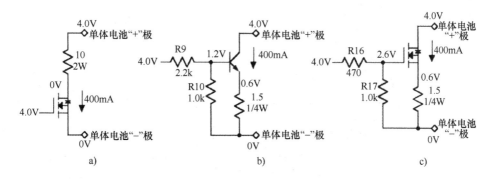

图 5.68　均衡负载

a）电阻器　b）双极结型晶体管　c）MOSFET

LED 或白炽灯都可以被用作均衡负载，其电路结构如图 5.70a 所示。当然，在实际应用中，效果并不是很好。白炽灯，尤其是小功率的白炽灯是无法胜任这样的任务的。如果只考虑视觉对光谱的敏感程度，LED 可能要比白炽灯更高效，但是白炽灯辐射的能量在实际应用中更有好处，因此从这方面考虑，白炽灯更实用。然而，白炽灯的寿命只有 5000 ~ 20000h，所以为了可靠性，还是选择 LED 更好。使用 LED 的一个问题是其工作电压小于锂离子单体电池的电压，因此需要串联一个功率型电阻器。因此，能将多余的能源以光的形式辐射出去听起来是非常吸引人的，如今的发光元件都太贵，而且从评判上来说不足以作为电池系统的均衡负载。

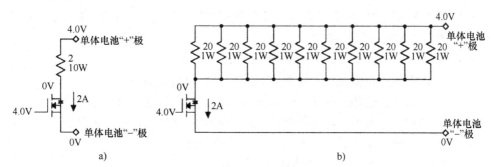

图 5.69　功率电阻器作为均衡负载

a）单只大功率等级电阻器　b）多个小功率等级电阻器

无线发射器也同样可以作为均衡负载，其电路结构如图 5.70b 所示。其效率非常高，并且具备我们想要从灯类元件上寻找的特性（如减少局部热量，大部分能量以辐射的形式消耗）。与电阻器相比，这种元件的成本相对较高，而且还具有射频控制方面的问题，因为我们通常不希望射频信号传播到电池组之外。

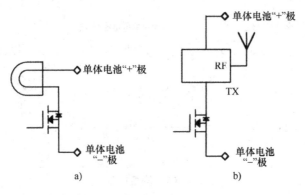

图 5.70　可选均衡负载

a）白炽灯　b）射频发射器

应用射频发射器还有一方面的优势就是射频能够通过调制实现分布式电池电路板与 BMS 控制器之间的无线通信。扩频传播可以保证所有的均衡负载同时通信，即使会产生一些信息冲突。同时，需要在每个单体电池电路板上安装一个射频接收器，从而保证 BMS 控制器能够与其通信，但这样一来无线通信的优势又没有了。

应用射频发射器的成本和复杂程度堪比采用主动均衡手段。总的来说，功率电阻器或功率晶体管是仅有的两个可以在实际应用中用于被动均衡的元件。

2. 主动均衡

早在 3.2.3.3 小节中我们就针对主动均衡进行了讨论，并且证明了其均衡效果并不像用户想象的那么好。

根据 3.2.3.7 小节可知，主动均衡的形式有

- 单体电池到单体电池：能量在相邻单体电池间流动。
- 单体电池到电池：能量由电量最多的单体电池转移到整个电池之中。
- 电池到单体电池：能量由整个电池向着电量最少的单体电池转移。
- 双向均衡：需要时可以是以上任意两个的搭配。

下面将针对这四种形式的电路结构进行讨论。

（1）单体电池到单体电池。

单体电池到单体电池的均衡需要在串联的相邻单体电池之间使用一个双向的 DC-DC 变换器。那么对于 $N$ 个单体电池串联的电路结构则需要 $N-1$ 个变换器。根据能量传输元件的不同，单体电池到单体电池主动均衡的电路结构主要有三种：

- 电容型。
- 电感型。

- 变压器型。

单体电池到单体电池电容型。基于电容器的主动均衡电路结构非常的直观：在单体电池上并联一个大电容，然后再将此电容并联到另外一个单体电池上。当电容器连接于电压较高的单体电池时，能量将会由单体电池转移到电容器。当电容器与另一个单体电池并联时，能量又会从电容器流向另一个单体电池。配置有 $N-1$ 个电容器管理 $N$ 个单体电池的阶梯电路较为简单，其电路结构如图 5.71 所示。

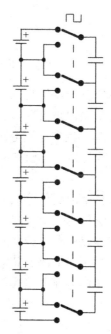

电容器与单体电池之间的开关可以由继电器或 MOSFET 充当。从能量角度考虑，继电器的零阻抗特性是非常适用的，但是继电器有着在初次接通时容易产生励磁涌流的缺点。如果应用 MOSFET 作为开关，那么每个开关上需要安置两个反向平衡布置的 MOSFET 对双向电流进行管理。这两种开关解决方案都有相邻的两个开关同时导通时短接单体电池，造成严重损害的危险。

如果采用这种均衡解决方案，我们还忽视了基本的物理限制：将单体电池（电压源）与电容器（也是电压源）并联能够达到以零为划分的电气等效（这是一个严重的错误），并且这将导致能源利用率永远低于 50%。产生这种现象的原因是串联线路中存在非零电阻（一部分在单体电池中、一部分在开关中、一部分在电容器中）。当首次接通电路时，单体电池与电容器之间的电压差在流经此串联电阻时会产生电压降，此串联电阻的大小还决定着初始励磁涌流脉冲的电流等级（或许可以达到数百安培等级），此励磁涌流会随着这两个电压逐渐趋近慢慢衰减。

图 5.71　用于单体电池均衡的梯形电容器

或许读者的第一个直观想法是设计一个带有大串联电阻的电路来抑制励磁涌流。大电阻确实能达到这样的效果，但大电阻同样也会增加电容器与单体电池间的连通时间（因为降低了采样频率），并且降低了有效均衡电流。

那么读者可能又想设计一个带有尽可能少数量的串联电阻的电路，来对较高的励磁涌流进行管控。这样的电路能够同时增加采样频率和有效均衡电流。但是，无视串联电阻的大小的后果是，每次电路连通时，以热能形式消散的能量与电路传输的能量相等。将电阻增大一倍，虽然电流大小会减半，但是其持续时间会增大一倍，以热能形式消散的能量并没有因此减少。

举例来说，如果用一个 $1\mu F$ 的电容器对一个 4V 单体电池的进行放电均衡，开关闭合后，单体电池输出的能量为 16mJ，但其中有 8mJ 将会通过串联电阻（不顾电阻的大小）以热能的形式消散掉，另外 8mJ 被存储于电容中，如图 5.72 所示。此时，如果再将电容器连接到其他的单体电池上，那么将会浪费更多的能量。

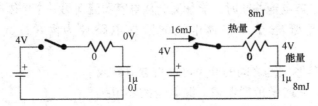

图 5.72　电容型单体电池到单体电池均衡器的能量损失电路图

基于电容器的均衡器的效率最高也就只能达到 50%，这是源于物理层面，无论怎么做都是改变不了的。唯一的能够减小损失的方法是将电压源耦合为电流源的形式（例如应用电感），这部分内容稍后介绍。

将电容器与电感串联构成一个谐振电路。应用零电压或零电流同步开关可以搭建一个非常高效的单体电池到单体电池的谐振均衡器。

单体电池到单体电池电感型。基于电感的单体电池到单体电池的均衡器非常简单。它应用一个双向 DC-DC 变换电路来实现。该均衡器的工作过程分为两步：首先将能量由电量最多的单体电池转移到电感上；然后再将能量由电感转移给电量最少的单体电池。其电路结构如图 5.73 所示。电路中 50% 的开关占空比保证了两个单体电池电压相等。

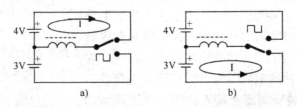

图 5.73　基于电感的单体电池到单体电池均衡器
a）能量由最高电压单体电池向电感转移　b）能量由电感向电压最低的单体电池转移

由于电感以电流源的形式工作，因此此种电路并不会产生电压到电压的电容型均衡器的问题，并且将其连接到作为电压源的单体电池上时不会产生励磁涌流。

基于电感的均衡器的主要缺点在于没有隔离，并且当与其连接的两个单体电池之间断开时（无论是一个安全的断开、熔丝熔断又或者是连接松动引发的断开），均衡器很可能都会损坏，如图 5.74 所示。因此这种均衡器不适用于具有安全断开功能的电池组中。

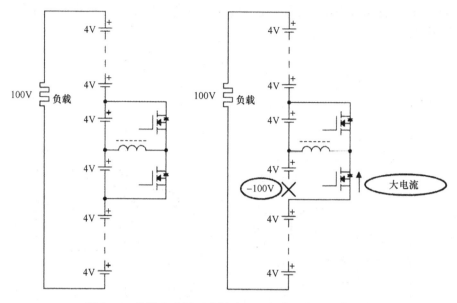

图 5.74 单体电池间开路导致基于电感的均衡设备损坏

单体电池到单体电池变压器型。基于变压器的单体电池均衡器可以使用任何形式的隔离型 DC-DC 变换拓扑结构，无论是正向变换器或是反激式变换器。反激式变换器的拓扑结构更加简单并且其输出为电流源形式，这对于向单体电池传递能量是最好的选择，电路结构如图 5.75 所示。正向变换器拓扑结构的可用性则相对较差：在实际应用中它更加适合应用于高压水平（但是单体电池到单体电池均衡器的功率等级很低），且其输出为电压源模式（在均衡器中易产生问题）。

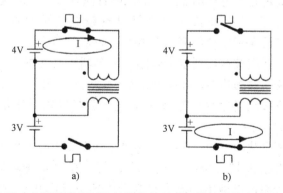

图 5.75 应用反激式拓扑结构的基于变压器的单体电池均衡器

a) 变压器从最高电压单体电池处吸收能量 b) 变压器将吸收来的能量传输给电压最低的单体电池

基于变压器的单体电池均衡器相比之下更复杂，并且其效率低于基于电感的均衡器，但是变压器型均衡器能够很好地处理相邻单体电池之间的开路问题，如图 5.76 所示。

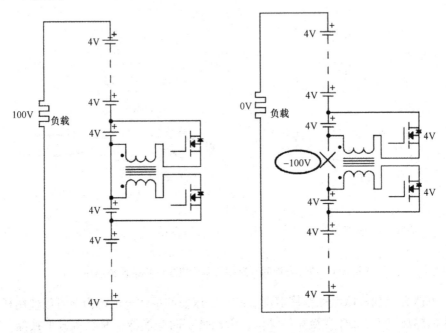

图 5.76　基于单体电池间均衡器的变压器可管理单体电池间的开路问题

（2）单体电池到电池

由 3.2.3.7 小节可知，通常情况下，单体电池到电池型的均衡器的性能最好，其效率也最高，因为其整流器工作于高电压下，使用低压晶体管，并且晶体管的驱动电路与决定是否进行均衡操作的电路在隔离屏障的同侧。单体电池到电池均衡器的均衡电路结构非常简单并且具有较高的可靠性，同时在低成本DC-DC变流器中广泛采用经典的多谐振电路，如图 5.77 所示。所有 DC-DC 转换器的输出连接在一起后被连接到整个电池的两个端子上（每个 DC-DC 变换器中的整流器实现对变换器的隔离，其中一个断开，另一个就开通）。DC-DC 变换器的输出必须要进行限流（因为是电流源），这样就可以在不考虑电池电压的条件下对电池进行均衡。

为了达到均衡电池的目的，BMS 会导通那些需要放电单体电池的 DC-DC 变换器。这种均衡方案极其适合分布式 BMS，每个单体电池电路板上安装一个DC-DC变换器，当单体电池电路想要对其管理的单体电池进行放电操作时，它就会导通 DC-DC 变换器。因为 DC-DC 变换器是物理隔离的，所以这种均衡器中不会发生开路故障。

（3）电池到单体电池

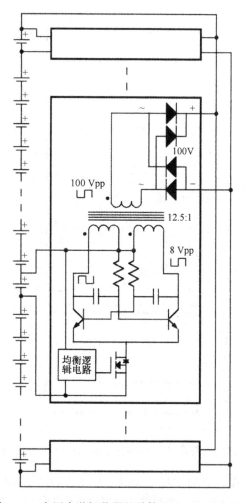

图 5.77 应用多谐振荡器的单体电池到电池均衡器

电池到单体电池均衡器的电路结构是单体电池到电池均衡器电路结构的镜像：晶闸管位于高压侧，整流二极管位于低压侧。如图 5.78 所示为应用反激式 DC-DC 拓扑结构的典型电池到单体电池均衡器电路。

这种均衡器的缺点是需要采用高压晶体管（效率较低），并且整流器的效率较低，因为两者的电压降相当于很大一部分的单体电池电压。一种解决整流器效率较低的措施是应用同步整流器：当接收到控制指令时，MOSFET 很容易导通，如图 5.79 所示。还有更加细化的解决方案是采用一个开关电路替代整流器，此开关电路不仅是同步的，而且在单体电池满电时能被关闭（代替关闭 DC-DC 变换器的输入），其电路结构如图 5.80 所示。通过这样的方式，单体电池电路板可以无须通过隔离电路就可实现对电池的充电控制。

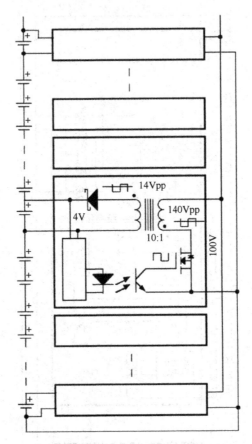

图 5.78　采用反激式 DC-DC 拓扑结构的电池到单体电池均衡器

　　最后一种解决方案，还可以用一个独立的高功率多输出的 DC-DC 变换器代替多 DC-DC 变换器，并应用一个独立的带有很多二次侧的大功率变压器，该变压器的每个输出都由单体电池电路板单独控制，其电路结构如图 5.81 所示。这种均衡器方案具有一个较小的缺点，即很难给电池组中高内阻的单体电池进行充电。这里的充电与个体充电不同，在个体充电中所有单体电池的充电电流相等（不考虑它们的内阻），但是在这里各单体电池处于并联等压充电状态，在这种状态下高内阻单体电池的充电电流很小，也就是说需要花费更长的时间才能达到同样的充电效果。

　　（4）双向均衡

　　双向均衡器同时具有电池到单体电池型均衡器和单体电池到电池型均衡器的优点。它可以在任何组合形式下工作，可以在对一些单体电池放电的同时对其余的单体电池进行充电。它可以采用多个独立的双向 DC-DC 充电器（见图 5.82a）或者采用一个单独的大功率 DC-DC 变换器进行工作，该 DC-DC 变换器配备有多抽头电压器以及同步电力电子功率开关，如图 5.82b 所示。

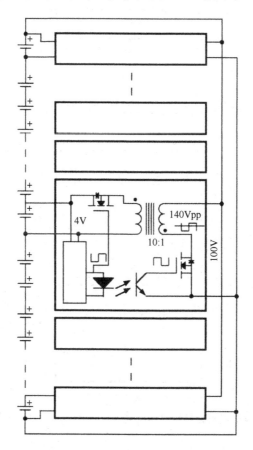

图 5.79　带有同步整流器的电池到单体电池均衡器

DC-DC 变换器的公共总线与整个电池组尾部端子可以处于连接状态，也可以处于非连接状态。这两种结构各有缺点，具体如下：

● 如果与电池组尾部端子相连，如图 5.83a 所示，DC-DC 变换器必须是专为某种特殊的电池组设计的，但是这样会导致设计过程过于复杂，减少了系统的灵活性。

● 如果与电池尾部端子不相连，如图 5.83b 所示，能量如果需要从满电单体电池流至空电单体电池必须要经过两台 DC-DC 变换器，但是这样又降低了能量传输的效率。

类似于电池到单体电池型均衡器，这种拓扑结构很难对电池组中高内阻得单体电池进行充电。

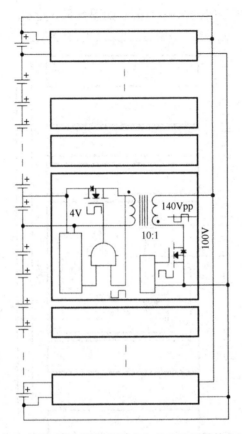

图 5.80 电池电路板控制单体电池充电的电池到单体电池型均衡器

### 5.4.5.2 再分配

由 3.2.4 节可知，再分配系统的电路与并行主动均衡系统的电路相同，不过通常再分配系统的功率等级更高。均衡与再分配最大的不同在于软件，软件系统必须知道哪个 DC-DC 变换器在何时处于开通状态，因为只有这样才能保证所有的单体电池具有相同的 SOC。对于再分配系统来说，软件的算法必须在实际应用中进行优化。再分配系统最可能的应用场景是陆地备用电源，例如用于电网削峰的电源，或者用于通信设备或服务器的备用电源。

为了实现再分配，BMS 需要知道每个单体电池的 SOC 和容量。SOC 可以通过前文提出的均衡技术进行设置。但是，如果 BMS 想要测量单体电池的容量，单体电池需要进行一个全充或全放循环，但这在实际应用中往往是不现实的。

在 BMS 测得每个单体电池的容量后，接下来就是进行再分配模式的规范操作：

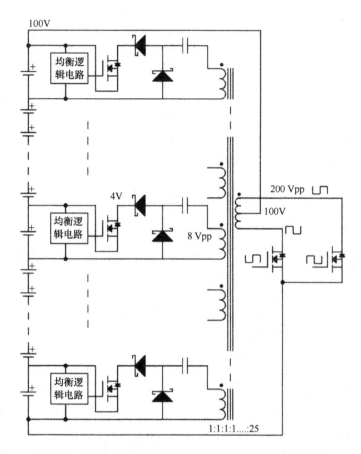

图 5.81　带有单 DC-DC 变换器的电池到单体电池均衡器

• 充电时，利用占空比调整每个 DC-DC 变换器的通断实现每个单体电池的输入功率与其容量成正比。这样所有单体电池的 SOC 能在同一时间达到 100%。

• 放电时，利用占空比调整每个 DC-DC 变换器的通断实现从每个单体电池输出的功率与其容量成正比。这样所有单体电池的 SOC 能在同一时间达到 0。

下面给出一个实际可行的再分配算法，通过使用该算法以及单体电池到电池或双向 DC-DC 变换器，能够实现在电网中的削峰功能。

测量每个单体电池的容量：

1) 在电池组满充时对电池组进行均衡。从充电量最多的单体电池中移除一部分能量，通过电网中的大功率电子器件实现对所有单体电池的满充。

2) 在不需要削峰时（例如深夜），等待一段时间。

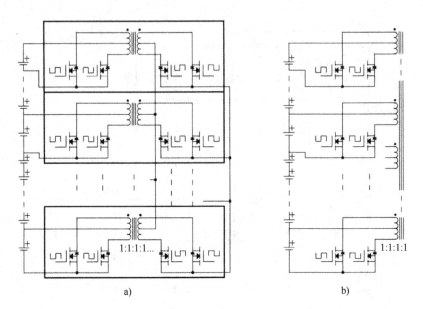

a)                                b)

图 5.82   双向均衡器电路结构

a) 多 DC-DC 变换器型   b) 单 DC-DC 变换器型

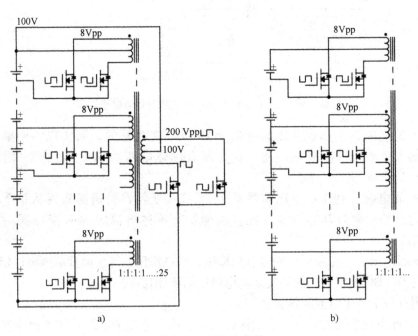

a)                                b)

图 5.83   双向均衡器

a) 带有电池连接   b) 无电池连接

3）将单体电池的 DOD 归 0（将其设置到 0A·h）。

4）通过大功率电子器件使电池组向电网放电（无须转移单个单体电池的电量），对电流进行实时积分实现对电池的 DOD 跟踪。

5）当某个单体电池电压达到最低截止电压时，将每个单体电池的 DOD 设置为电池组的 DOD 值。

6）关闭大功率电子器件。

7）在电池组低电量情况下实现均衡。使用每个单体电池自带的 DC-DC 变换器使每个单体电池对电网进行放电，通过对电流积分增加这些单体电池的 DOD，直至电能放空。

8）记录每个单体电池的容量和其 DOD。

9）将计算得到的电池组容量作为所有单体电池容量的平均值。

10）开启再分配模式（重复以上各操作）。

11）对电池组放电。

对于应用电池到单体电池型 DC-DC 变换器的系统来说，则可以采用以下算法。

测量每个单体电池的容量：

1）在不需要削峰时（例如深夜），等待一段时间。

2）通过大功率电子器件使电池组向电网放电直至某个单体电池电压达到最低截止电压。

3）关闭大功率电子器件。

4）在电池组低电量情况下实现均衡。首先向充电电量最少的单体电池注入能量，接着再向电网传输一部分能量直至所有单体电池完全放电。

5）将单体电池的 DOD 归 0（将其设置到 0A·h）。

6）电网通过大功率电子器件为电池组充电（单体电池间不发生电荷转移），对输入电流进行积分实现对单体电池 DOD 的跟踪。

7）当某个单体电池电压达到其最大截止电压时，将每个单体电池的 DOD 设置为电池组的 DOD。

8）在电池组高电量情况下进行均衡。关闭大功率电子器件，电网通过每个单体电池自身的 DC-DC 变换器为单体电池充电，对电流积分计算单体电池的 DOD，直至实现单体电池的满充。

9）记录每个单体电池的容量和其 DOD。

10）将计算得到的电池组容量作为所有单体电池容量的平均值。

11）开启再分配模式（重复以上各操作）。

下面给出应用单体电池到电池型 DC-DC 变换器的服务器备用电源的可行算法。

第一步，在停电时进行针对电池组的高电量均衡操作。

1）从充电电量最多的单体电池中释放能量。

2）电网通过大功率电子器件完成对所有单体电池的满充。

3）将电池组的 DOD 清零（设置为 0A·h）。

第二步，在停电时为服务器供电，并测量每个单体电池的容量：

1）电池组通过大功率电子器件为服务器供电（电池之间无电荷传递），对电流进行积分并实时追踪电池的 DOD。

2）在某一个单体电池电压达到其最小截止电压时，将每个单体电池的 DOD 设置为电池组的 DOD 值。

3）控制服务器使其按顺序关机。

4）通过单体电池的 DC-DC 变换器为还未停运的负载供电，对变换器的电流进行积分计算单体电池的 DOD，直至单体电池放空。

5）记录每个单体电池的容量和其 DOD。

6）计算整个电池组的容量，并将其作为所有电池容量的平均值。

7）开启再分配模式（重复以上各操作）。

第三步，等待恢复电力供应对电池组充电。

第四步，维持正常操作，等待处理下次停电事故发生，但是这次将应用所有电池中的全部能量。

## 5.4.6 开关

在分别对 BMS 的测量、评估、通信和均衡功能进行介绍后，下面对 BMS 的开关功能进行介绍，应用开关功能可以在电池组工作于安全区域之外时直接切断电池组电流，保证系统安全运行。只有保护器中才应用此项功能。

保护器中的开关必须可以在短时间内处理负载的峰值电流，并能在整个运行过程中管理负载的均值电流。当开关处于开路状态时，必须能够承受电池组的电压。在大容量电池组中，电池与控制电路必须进行隔离，开关不能对隔离电路进行旁路。

开关可以选用接触器、晶体管（通常情况下为 MOSFET，有时也会选用 IGBT）或者固态继电器（SSR）。其中固态继电器只是一个封装在单模块中简单的隔离型 MOSFET，这样做简化了 SSR 的设计步骤，其优缺点与 MOSFET 相同。

表 5.7 中对各种拓扑结构的优劣进行了对比。

**表 5.7　保护器开关中晶体管和接触器比较**

| | 接触器 | MOSFET | IDBT | 固态继电器 |
|---|---|---|---|---|
| 电压 | 200V~1kV | 50~500V | 600~1200V | 50~100V |
| 电流 | 100~1000A | 30~100A[1]（最高可达 1000A） | 30~100A[1]（最高可达 1000A） | 30~100A |
| 关断速度 | <100ms | <10μs | <1ms | 约 1ms |
| 功率损失 | 线圈中约为 1W，接触器中约为 0.1% 负载功率 | 200V 时约为 0.3% 负载功率，电压越高损失越大 | 约为 0.1% 负载功率 | 在额定电流下约 50W |
| 与控制隔离 | 固有隔离 | 需要隔离器 | 需要隔离器 | 固有隔离 |
| 开路负载隔离 | 有 | 无 | 无 | 无 |
| 可靠性（常态） | 好 | 优秀 | 优秀 | 优秀 |
| 耐受性（非常态） | 优秀 | 好 | 好 | 好 |
| 重量 | 高 | 中[2] | 中[2] | 中[2] |
| 体积 | 大 | 大[2] | 大[2] | 中 |
| 成本 | 100~500 美元 | 10~100 美元[2] | 10~100 美元[2] | 100 美元 |

① 需要两个晶体管同时管理充电和放电电流。
② 包括散热片。

晶闸管可以工作于高压环境并且可以承载大电流，但是在同时经受高压和大电流时其效率也相对较低。因此，晶体管更适用于小容量电池，而在大容量型电池组中接触器则更加合适，如图5.84所示。

### 5.4.6.1 接触器

接触器能够适用于大型电池组是因为它既能承受高压（例如200V的直流电压）又可以承载大电流（例如200A直流电流），并且无论在哪种工作状况下效率都很高（热损失一般为1~10W）。接触器具有与控制电路（线圈）天生隔离的特性。当连接于两个电池终端的接触器断开后可以实现对电池组的完全隔离，如图5.84a所示。但是接触器的体积较大，价格昂贵。

虽然接触器的双向载流能力很强，但是其只对单向电流具有较好的关断特性。因为在断开感应电路时接触器包含一个机械性的动作，该动作具有灭弧功能，而灭弧功能从物理上来说只能单方向起作用。这也是很多接触器会标注正"+"负"-"极的原因。假设负载是感性负载，充电设备非感性时，负载电流会远大于充电电流，那么接触器在连接时必须要注意极性，确保负载电流流入接触器的"+"极。

当选用接触器作为开关时，需要注意三个负载电流参数（峰值、平均值和关断值）和两个接触器电流速度参数（载流和断路）。负载的均值电流必须在接触器的载流等级内。这个载流等级由接触器连通时的接触阻抗和其散热能力决定。大多数情况下，在选用接触器时并不考虑峰值负载电流，因为其在实际应用中可忽略不计。例如，一个载流等级为100A的接触器可用在均值负载电流为80A的电路中，即使负载的峰值电流可达500A。

接触器的断路电流等级（可能低于其载流等级）仅指在应用中切断全部负载电流工况时的能力，例如直接与直流电动机相连。这种工况在当前的实际应用中很少，因为高功率负载不能直接驱动，而是通过电力电子控制器进行控制，电力电子控制器能够在接触器开路前将负载电流降为零。在这种情况下，接触器的断路能力就失去了意义。如今提到接触器的断路能力其实是指接触器在紧急条件下对全部负载电流的切断能力。接触器的循环使用能力一般为10000次或更高，但是应用于紧急条件切断负载电流会使其寿命受损。在一个设计较好的系统中，这种紧急切断事故并不容易发生，即使发生了也只是导致接触器的10000次循环寿命损失1次，这种情况的影响较小，可以不予考虑。

### 5.4.6.2 晶体管

晶体管的体积较小且价格相对低廉，但是相比于接触器，它的缺点如下：

- 与控制电路没有隔离。
- 开路时，不能使负载与电池组隔离。
- 不能双向工作。

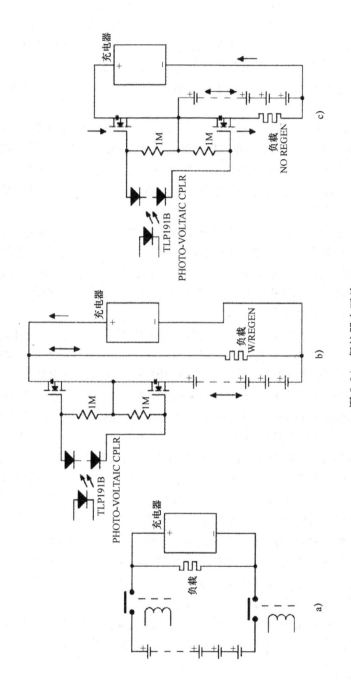

图 5. 84　保护器中开关

a) 接触器　b) 两个反串联的 MOSFET　c) 两个独立的 MOSFET

晶体管具有非双向特性，即只能在单方向上切断电流。从另一个方面来说，MOSFET 和 IGBT 包含有反向并联的二极管，该二极管能保证电流反方向的畅通无阻。因此，如果保护器仅使用单独的 MOSFET 切断负载电流，那么将无法阻止电流由负载流向电池组（例如再发电过程中）。若想要在两个方向上均能实现断路功能，保护器或者需要将两个晶体管进行背靠背相连，如图 5.84b 所示；或者需要两个独立的晶体管，一个用于电流流向负载的方向，一个用于充电设备电流流出的方向，如图 5.84c 所示。

晶体管与其控制驱动电路之间并不进行隔离。如果将其应用于大型锂离子电池组的 BMS 中，必须在控制电路与晶体管之间加设隔离电路。前文中的例子均是通过应用光耦合器为系统提供隔离。当光耦合器供电后，LED 会发光并照射串联的光敏二极管，光敏二极管产生微弱的电流，并产生足够的电压来对晶体管的门极电路进行控制。

通常，还可以将许多 MOSFET 并联起来以达到增加控制电流等级和提高效率的目的（只有很少人会将它们串联起来使用来提高其控制电压等级，相反，大多会选择较高等级的晶体管来对较高电压进行控制）。一个保护器可能会在充电方向上加设 10 个 MOSFET，在放电方向上加设多于 10 个的 MOSFET，但所有的 MOSFET 上都会安装散热片。

在保护器中，选用 MOSFET 作为晶体管开关中的原因是其平行结构非常容易搭建，且平行结构可以提高其效率。考虑到 MOSFET 内阻与温度的正相关特性，MOSFET 就更加需要采用平行结构。当某个 MOSFET 承载了更多的电流时就会变热，温度升高后会导致其内阻加大，那么电流就会选择通过其他的 MOSFET 进行传输，这样就可在 MOSFET 电路中实现负载的均衡控制。因为 MOSFET 处于并联结构，其开关内阻反比于并行数量及功率损失，因此可提高开关电路的效率。

相比于 MOSFET，IGBT 则更适合应用于高压以及较高功率水平等级的电路中。但 IGBT 并不适用于并行电路中，因其工作特性导致了电流无法均分。并且，当增加 IGBT 并联数量时并不会降低其功率损失，因为 IGBT 上的电压降为常数，不会根据流过电流的大小而变化。为了能够实现并联操作，IGBT 必须在工厂中进行分级，并且只能将同级别的 IGBT 应用在一起。将 IGBT 并联使用是为了保证其对全部电流的管控能力和对产生热量的散发能力。虽然开关损失是开关型功率电路中重要的参数，但是在本章中却可以不对其进行考虑，因为这些晶体管只在功率上升循环中才进行开关操作。

晶体管并不具有接触器那样强的短路电流忍受能力，因此采用晶体管的保护器中需要设置晶体管电流感应器，在电流过限的瞬间立即切断电路。

### 5.4.7 日志记录

记录器能够很好地胜任系统的日志记录工作。安装于 CAN 总线上的记录器通过相关的方式能够同时记录 BMS 的信息（电池组电压和电流）和从其他设备传送来的信息（汽车速度和 GPS 定位信息）。相比于只记录 BMS 内部信息的记录器，其信息量更大。一个系统级的记录器要比仅用于 BMS 的记录器更加有用。

同时，记录系统的错误代码对于 BMS 来说也是非常重要的，因为这些错误的代码可以作为错误发生时的现场"快照"（冻结信息）。这些信息需要在系统请求时被利用，例如在 CAN 总线上进行 PID 请求（见 5.4.4.2 小节）。

## 5.5　电池接口

很多读者可能会好奇：电池管理系统如何与单体电池进行连接才能使其易于加工并具有较高的可靠性。

### 5.5.1　非分布式

非分布式 BMS 用 $N+1$ 根导线对 $N$ 个单体电池进行连接（也就是所谓的意大利面式的接线方式），如图 5.85 所示。早在 2.3.4 节中，本书就已经陈述过采用此种结构的弊端。接下来针对此种结构的优势及其实际应用情况进行说明。

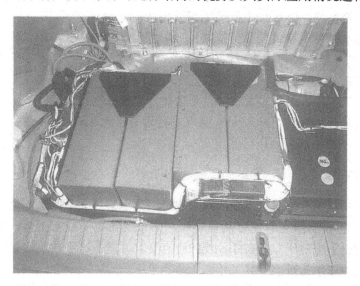

图 5.85　普锐斯并联式混合动力汽车转换装置中集中式牵引电池连线
注意从 BMS（底端）到不同电池间的线束（带有 80 标号或白色的线路）

直接对单体电池用导线进行连接通常较为简单。无论是采用哪种方法对单体电池进行串联，都要连接到 BMS 的抽头导线上。例如，对于棱柱形单体电池来说（其端子为螺栓形式），每个螺栓都有其固定的 ID 编号，导线被卷曲成适合螺栓尺寸和螺孔大小的环状端子。为了使单体电池连接点的电阻最小，环形端子需要放置在螺栓头与单体电池间的功率连接点之间（并非单体电池与总线之间）。

为了减小连接线路的风险，需要在每条线路中安置熔断器或者电阻，并且要尽可能地靠近单体电池的连接点。但不容乐观的是，这些元件的电阻或多或少都会对电压测量的精度有影响。而且，当 BMS 中带有均衡功能时电阻器会失效，此时只能被迫选择使用熔断器。

如果采用熔断器，使用的熔断器必须适用于直流环境并且能够承受整个电池组的电压，但满足这样的要求又会增加熔断器的体积和成本。最经济的解决方案是采用专为数字电压表（DVM）设计的熔断器，因为它承受的电压等级为 1kV，并且体积小，已大规模应用。若选用电阻，必须通过合理的尺寸设计以保证其散热性，并能承受整个电池组电压。例如，在一个 300V 电池组中，可以选用 $100k\Omega$、1W 的引线电阻（RC32）。鉴于使用熔断器和电阻带来的麻烦以及开销，很多公司放弃选用这两种元件（除了原型要求），而是选择依赖更好的设计和优良的生产经验来避免短路事故的发生。

为了满足特定的安全标准，所有的牵引电池组连接线，包括 BMS 抽头连接线都必须是橙色的。BMS 抽头引线不需要很大，24AWG 就可以了。但是，这些导线的绝缘水平要足够高（避免削减），还要能承受整个电池组的电压。电压等级为 600V 的导线已经得到了规模化应用。对于更高的电压等级，可以选择使用聚四氟乙烯或硅橡胶绝缘导线。数字电压表的探针导线的电压等级为 1kV，并且也得到了广泛使用，但是它太软并且无法被制作成橙色的。

为了安全起见，必须要对大电池组进行设计，保证其引线在捆绑及连通至 BMS 过程中不接触任何高压导体。

## 5.5.2　分布式

一些看法认为，分布式系统的需要相对简单很多，最多也就是在单体电池电路板与 BMS 主控制器之间连接几根导线。分布式导线（或者更多时候是电缆）需要遵从前一节中对于非分布式导线的所有要求，但是这些导线的颜色不必一定是橙色，因为以地为基准，其工作电压是低电压。

另一方面，在单体电池上安装单体电池电路板的方法还需仔细设计，因为在这方面并没有标准的解决方法。许多设计方案都是从单体电池电路板的设计开始的，最后都能做到高效、高可靠性、低成本和易于安装。因此，从头开始设计分布式 BMS 的方法仅推荐在量化生产中使用，对于一次性的项目来说不建议采用。

一种方案是将单体电池电路板安装于单体电池附件上（不直接与单体电池相连）并用短尾线按照上文非分布式部分提出的技术连接于电池上。

　　还有一种更好的方案是将单体电池电路板与单体电池直接相连。这种情况下，安装方法取决于单体电池的形式。在接下来的章节中会对每种单体电池形式的安装实例进行介绍。

### 5.5.2.1　小圆柱形单体电池

　　通常情况下，小圆柱形单体电池会通过镍箔（也有少数通过铜箔）焊接在一起。同时箔材通过改变外形还可以用于单体电池电路板的连接工作，这样做可以为系统同时提供机械安装和电气连接上的便利，如图 5.86 所示。采取这样的方法，单体电池电路板与单体电池处于紧密接触状态，因此可以使用板载热敏电阻测量电池的温度。

图 5.86　在单体电池电路板上直接安装小圆柱形电池

　　单体电池电路板因为比较薄，所以并不占用多余的空间，电力电子器件可以安装在单体电池之间，如图 5.87 所示。如果单体电池带有框架结构，那么这些框架也可以为单体电池电路板提供安装空间。图 5.88 给出了在一块单体电池电路板上安装多个小圆柱单体电池的实际电路图。单体电池焊接在一起，单体电池电路板放置在 $N$ 个单体电池的同一侧，$N+1$ 个镍标签向下弯折焊接到单体电池电路板上。安装一个这样的单体电池电路板仅需要花费几分钟时间。

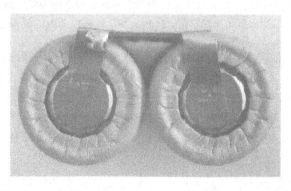

图 5.87　单体电池电路板组件安置在相邻小圆柱形电池间的空间内

图5.88　紧贴于多个小圆柱形单体电池的单一单体电池电路板（15个单体电池，16个焊盘）

### 5.5.2.2 棱柱形单体电池

对于棱柱形单体电池来说，有两种基本的连接方式：应用 PCB 直接连接或通过环形端子连接。直接将 PCB 安装于棱柱形单体电池的端子上是非常理想的设计：一个独立的 PCB 在安装功能上等同于一块单体电池电路板和两个端子。这种电路板是专门根据单体电池的尺寸设计的，右侧有两个尺寸大小合适的孔和一定合适的空间，与单体电池完全匹配，如图 5.89 所示。单体电池电路板通过单体电池顶部的动力总线安置于单体电池上，并由螺栓固定。这种方法也有如下的一些问题：

图 5.89　带有直接装在单体电池上的 PCB 的单体电池电路板实例图：电动汽车
分布式功率均衡器（来源：Rod Dilkes, EV Power, 2010, 转载已许可）

- 通过螺栓固定 PCB，但螺栓的热膨胀系数与钢的热膨胀系数不等，随着时间的推移，这种连接可能会有松动。同时，由于 PCB 材料（FR4）特性的原因，随着时间推移其体积可能会被压缩，这同样容易导致连接有松动。
- 很多棱柱形单体电池在生产过程中的质量控制并不过关，这使得棱柱形单体电池端子之间的距离不相等（我曾在实际应用中遇到过单体电池端子之间存在高达 5mm 的偏差）。
- 单体电池之间的机械振动将会首先通过总线传递到电池电路板，然后再传递给单体电池，这会对电池电路板造成很大的压力。

应用环形端子（通过螺栓能够与单体电池端子进行安装）可以消除以上所有可能出现的问题。如图 5.90 所示，两个环形端子可以直接的安装于 PCB 上。在这个例子中可以看出，PCB 设计成了两种不同的电池尺寸。利用穿孔的方式将 PCB 进行对折，可以减少其长度，这样就会缩短环形端子中心点之间的距离。但是，此时 PCB 仍旧要像前文中描述的那样承受很大的压力。

图 5.90　带有一对环形端子的棱柱形电池的电路板安装在 PCB 上

一种更加细化的方法是只将一个环形端子安装于单体电池电路板上来提供电力连接及机械支撑，而用于另一连接的环形端子则位于导线的末端，如图 5.91 所示。采用这种连接方式时，单体电池间产生的振动将不会对单体电池电路板造成压力。该连接方法的另外一个好处就是可以仅仅通过调节环形端子的大小以及线路的长度使同一个单体电池电路板能够满足各种尺寸的棱柱形电池要求。但是这种连接结构带来了另外一种"压力"，因为此时单体电池电路板处于悬挂状态。为了减少这种问题发生的可能性，单体电池电路板的尺寸一定要小并且其光组件要少，这样才能最大程度上减小其瞬时惯性。

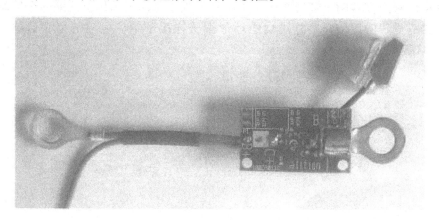

图 5.91　棱柱形单体电池的电路板一端安装于 PCB 上，另一端安装于导线上

环形端子与 PCB 之间的连接也是一个需要关注的点，如果环形端子焊接在 PCB 上，那么选择铜与 RF4 材料之间的胶黏剂就非常重要。如果把环形端子压

入 PCB 中是最好的解决方式，因为在这种情况下只需要将其固定在 RF4 材料上，而不是铜材料上。端子与 PCB 间的焊接点只提供电力连接，不提供机械支撑。

为多个棱柱形单体电池配备一个独立的单体电池电路板能在相当大的程度上简化安装。但直接将单体电池电路板安装于单体电池上是不可取的。相反，单体电池电路板应该具有安装 $N$ 个单体电池的 $N+1$ 个环形端子，如图 5.92 所示。

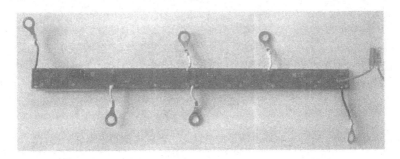

图 5.92　用于多棱柱形单体电池的独立电路板（5 个单体电池，6 个端子）

### 5.5.2.3　大圆柱形单体电池

与棱柱形单体电池类似，大圆柱形单体电池也选择使用螺栓进行连接。不同的是螺栓在固定时需要安装于电池的两端，因此棱柱形单体电池的电路板不再适用于此种状况。但是，在大圆柱形单体电池中却可以使用单环形端子，和棱柱形单体电池电路板，不同的是环形端子连线端的线路更长，以便于与其连接的环形端子能够与单体电池的另一端相连。在应用实例中，两个相邻单体电池的电路板应该有两个环形端子，一个环形端子与两个单体电池的一个终端相连，带有导线的用于连接总线端的环形端子连接于单体电池的另一远端，如图 5.93 所示。

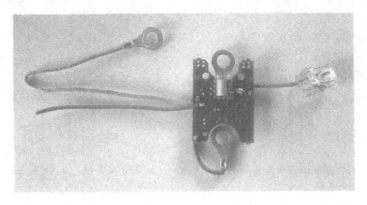

图 5.93　用于一对大圆柱形单体电池的电路板

#### 5.5.2.4　袋状单体电池

　　袋状单体电池在实际应用中比较复杂。为袋状单体电池设计的最好的电路板是一块可以连接多个单体电池的电路板。电路板上包含有专为电池端子准备的缝隙，并且包含多组电子器件。电池端子一般被安置于电路板特定的槽中，也可以安置于可焊接的地方，如图 5.94 所示。

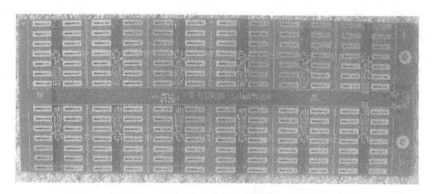

图 5.94　多个袋状单体电池的电路板（1257P 排列）

　　PCB 本身或许也会依赖于与单体电池间的相互连接关系。如果电路中的电流过高，那么单体电池的端子或许也会被直接引入电路。大部分情况下，PCB连接点的阻抗会远远低于电池的内阻，甚至会低于几个数量级。下面给出一个实际单体电池电路板的例子：

- 单体电池：内阻为 $80m\Omega$ 的袋状电池；
- PCB：双面，$2oz^{\ominus}$ 铜材料；
- 相邻单体电池间的距离：$8mm \times 10mm$；
- 相邻单体电池间的连线电阻：$0.2m\Omega$；
- 峰值电流 200A 时 PCB $I^2R$ 损失：每个单体电池连接处 0.1W；
- 峰值电流 200A 时单体电池的 $I^2R$ 损失：每个单体电池 65W。

　　在这个例子中，PCB（其阻值为单体电池内阻值的 1/400）远不是电池电流管理中的限制条件。但是在其他对应更高电流以及更低单体电池内阻的应用中，PCB 无法作为可靠的载流工具，电池端子也必须进行直接连接。

　　有些人认为对电池端子进行焊接容易导致单体电池损坏。出于这方面的考虑，电池生产商被划分为几种。一些生产商认为焊接电池端子产生的热量容易导致单体电池的内层熔化；当然也有一些生产商没有这样的担忧，这些生产商将利用袋状单体电池组装的电池组直接焊接在 PCB 上进行出售。

---

　　$\ominus$　$1oz = 28.3495g$，后同。

将多个袋状单体电池安装于同一个单体电池电路板上的主要缺点是在更换单体电池时比较费劲。从这一点考虑，利用独立的单体电池电路板比较理想。为了能够匹配相邻袋状单体电池间的狭小距离，微小的单体电池电路板被垂直安置于与单体电池同一平面的相邻端子间的垂直空间内。例如，为了满足单体电池端子间的间距，可将8个单体电池电路板进行堆叠，如图5.95所示。电路结构中包含有9个端子，每个端子对应于8个单体电池中的一个节点。然后，将这种堆叠结构安装在8个堆叠的单体电池上，当需要将单体电池封装为电池组时这9个端子将会在单体电池端子间进行挤压。

图5.95　8个独立的袋状单体电池电路板堆叠结构

## 5.6　分布式充电

分布式充电的特性早在3.2.5节中就已经进行了介绍。虽然分布式充电在高内阻单体电池充电中存在一些不足：高内阻单体电池电流更小，相比于串行充电耗费的时间更长。但是其固有的单体电池均衡特性以及防过充特性还是十分值得重视的。

这种充电方法的突出之处在于许多的低效低压充电设备导致的偏移现象。小型充电设备的效率一般低于大型充电设备的效率，低压充电设备的效率一般低于高压充电设备的效率，这是因为整流二极管的电压降（约为1V）在低压充电设备的输出电压中所占的比例（约为20%）远高于其在高压充电设备输出中所占的比例（约为1%）。

搭建分布式充电设备的最简单的方法是应用多个独立的小型充电设备，如图5.96a所示。选用此种结构几乎不需要设计，但是多个小型充电设备的成本投入会随着充电设备数量的增加而快速累加。一个相对经济些的选择是使用一个带有变压功能和很多低压二次侧的大型充电设备，其电路如图5.96b所示。

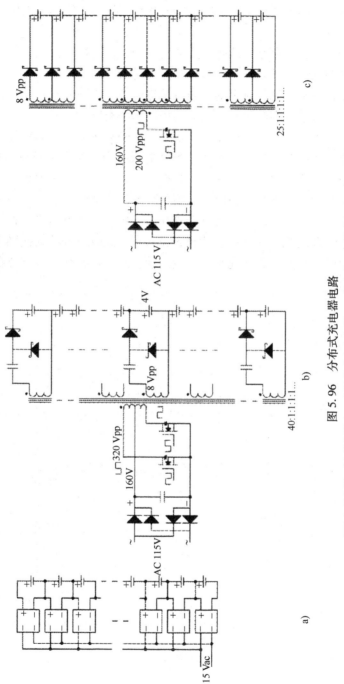

图 5.96  分布式充电器电路

a) 独立充电器  b) 带有独立二次侧的独立充电器  c) 带有多二级抽头的独立充电器

用于控制输出电压的反馈信号必须取自一次侧或专为反馈设计的二次侧，因为对连接于某个单体电池的输出进行采样时将会导致其他输出的电压过高，最后导致那些电池过充。

在充电开始时，该电路还能够平等的对每个单体电池进行充电。但随着充电的进行，充电的电池会越来越少，最后当充电量最少的单体电池满充时，充电结束。整个充电过程中，能为剩余的待充电单体电池充电的功率越来越充裕，因此这种充电设备的充电速度明显快于同等功率的串联充电设备。

在实际的充电电路中还可以用带有多个二次侧抽头的变压器代替带有多个二次侧的变压器，如图 5.96c 所示。在这种充电设备中必须采用反激式拓扑结构。应用这种电路，充电会更加不均衡。开始时，仅只有一个二极管导通，此时单体电池中极性偏负的那一半将会充电，这将导致单体电池的均衡性更差。但是只要有足够的充电时间，最终所有电池都会被充满，单体电池电压也均相等。充电的最后，一些单体电池先于另外一些达到满充状态，此时系统的均衡操作自然而然的也就会被启动。因此，鉴于此种电路较差的实际应用特性，不推荐在工程中使用此种充电电路。

# 第6章　BMS 的设计

无论是标准化 BMS 产品还是针对特定用户的定制类设计，都必须确保 BMS 良好运行。首先，必须保证安装过程准确无误，要结合实际应用模式进行合理的参数配置，最后还要确保其能够通过全面测试。

## 6.1　安装

BMS 的安装在很大程度上取决于电池组的包装，BMS 本身性能以及外部系统。因此，关于该部分内容只能提供一些细节经验，部分基本概念以及一些有用的实例供参考。

### 6.1.1　电池组设计

越早关注电池组的设计，越会减少在制造生产过程中可能出现的问题，并在实际应用环节避免很多麻烦。

#### 6.1.1.1　电池组布局

电池组应得到合理布局设计，以确保其每个单体电池都可被直接访问，而不是非要通过移除某节电池才能触及另一节。如果某一完好的电池在移除过程中，误连接到一个待维修的电池，那么这个完好的电池将会受损。

BMS 电子组件（例如 BMS master）的理想安装位置应该在电池体外，在电池包以内。这种结构有利于，在减少暴露于电池内部电子噪声程度的同时，还能方便对 BMS 的测试与维护。

单体电池并联与电池组并联的比对

在设计时常会遇到这样的选择，是使用多电池组并联结构还是使用多电池单体直接并联的结构。而实际上，并联电池组结构的优势很少，在性能和成本上劣势却较多。

为了便于模块化的设计以及对电池组的扩容（给用户不同重量范围的选择），很多情况下，电池包的设计会采用电池组的多级并联结构。当需要考虑这么做将增加成本并会降低电池组性能等诸多因素时，这将是决定使用并联电池组结构设计的有效理由。

基于多并联电池组结构进行电池包设计，是因为确信其可靠性将得到改善：当某节电池出现缺陷时，基于这种结构可以立即将其隔离，并且不影响整套产品的正常运行。这在理论上是行得通的。然而，在实践中，鲜见其能够按工作计划运行。出现电池损坏情况的汽车，只能回到销售商处更换好的电池，完全没有达到当初设计的有个别电池损坏仍然可以维持车辆运行的初衷。而真正的问题也在于更换新电池时，新旧电池之间 SOC 水平的差异可能导致出现一系列技术挑战，包括出现很大的浪涌电流，以及耗费在平衡电池组所需的时间等。

由于单体电池间变化的高度敏感性及其更高的成本支出，多并联电池组结构的优势有限，同时面临电池组性能下降的显著问题。相反，单体电池可以直接并联（点阵网络），这样可以简化设计（降低电池包成本），并提供了有效改进弱单体电池性能的途径。

并联 $N$ 节电池则需要 $N$ 倍的 BMS 接头触点（或单体板的 $N$ 倍）。例如，设计一个四串四并（4S4P）结构的电池包将需要 BMS 可以支持至少 4 个接头触点（或 4 个单体板），如图 6.1a 所示。用于电池包组成的相同的单体电池将被分成4 组并联的电池组（即 $4 \times 4S1P$ 排列），要求 BMS 能够支持 16 个接头（或 16 单体板），如图 6.1b 所示。

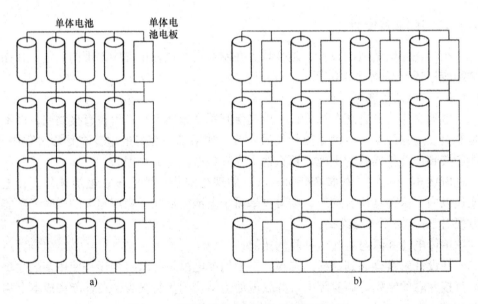

图 6.1 不同并联方式下电池板数量对比图

a) 单体电池直接并联的结构需要较少的电池板 b) 电池组并联结构需要较多的电池板

一个含有随机分布的几个低容量电池的电池包，如果是采用单体电池直接并联的方式，其容量比采用电池组并联方式的大（假设只有少许低容量单体，则特定单体块会包含多个低容量单体电池的情况从概率统计角度看可能性很小）。因为低容量单体电池不可能都分布于同一单体块，所以其效果并不显著。具有低容量单体的单体块将被限制容量，但每个被限制容量的单体块的容量数值几乎相当。接下来，以一个每组 16 节单体电池，2A·h 单体电池容量，4 节单体电池串联的电池包为例进行分析。

基于单体电池直接并联的结构（见图 6.2a），每个单体电池块的容量为 8A·h。如果某单体块包含了容量减小到 1A·h 的单体电池，则该单体块的容量是 7A·h。而此时其他含有低容量单体电池的单体块也会是 7A·h。无论多少单体块含有低容量单体电池，该电池包的容量都将是 7A·h。而如果电池包被分成 4 组电池并联（见图 6.2b），每个含有低容量单体的电池的容量将只有 1A·h，总的电池包的容量将只有 5A·h。

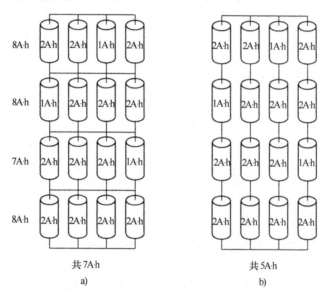

图 6.2 多个低容量单体电池

a）单体电池直接并联时影响小 b）电池组并联时影响显著

与分成多个电池组并联结构相比，使用单体电池直接并联会使含有低容量单体电池的电池组具有更多容量。因为并联结构中的单体电池可以互相支撑，低容量单体电池不会成为整体容量的主要制约因素。从以上的算例可以看出，基于单体电池直接并联的方式（见图 6.3a），如果某节单体电池的容量衰减至 1A·h，其所在并联序列是整个电池包容量的制约因素，即电池包容量从 8A·h 降低到 7A·h。

另一方面，若电池包被分成四组电池组并联（见图 6.3b），其将以相同的速率消耗，直到 4A·h 电荷从电池组中取出。在这时，1A·h 单体电池已空，其电压会下降，BMS 将指示电池包停止运行。因此，电池组的有效容量只有 4A·h。

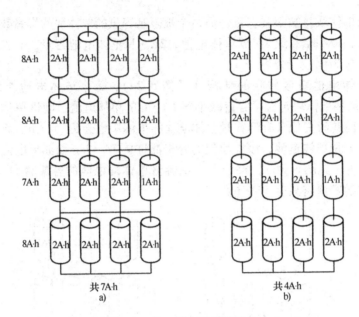

图 6.3  单一低容量单体电池

a）单体电池直接并联方式是影响程度降低  b）电池组并联方式影响显著

实际上，这种影响并不激烈，因为当低容量电池几乎被耗尽时，其内阻增大，将减少流经该电池的电流，从而使得其他电池进一步放电。

如果单体电池采取直接并联方式，含有一节损坏单体电池的电池组（如高电阻单体）仍然能够继续运行。当然，电池组的容量将会减少，但至少电池组能保持运行。

这是因为电池组中所有单体电池都直接连在一起（见图6.4a），其他单体电池会共同支持损坏的单体电池。当然电池组的容量会减小，但至少电池组能保持运行。

另一方面，含有损坏单体电池的电池组本身也会迅速将已损电池关停（见图6.4b）。电池组在放电过程中，由于已损单体电池内阻较高，将只有小部分电流流过。因此，同一电池组内的其他单体的端电压将保持恒定。于是，当电池组由于放电而电压降低时，电池组电压的变化量（Δ）将直接施加到该损坏单体电池上。电压下降会非常显著，甚至可能出现阴阳极反向。当 BMS 监测到损坏单体电池的电压降低到截止电压时，将关停该电池组。因此，直接并联放置单体减少了部件数量和单体电池间的变化的影响，获得了更便宜，更可靠，以及电池更好的性能表现等效果。

### 6.1.1.2  电池布置

设计一个电池时，应仔细考虑内部单体电池的布局设置。需要花费大量时间对每个电池和电池组预先规划，以最大限度地减少联络电线的弯折，避免裸线之间的间隙过于狭窄，并使电源引线的通道尽量以竖直的线路从电池中引出。将单体电池翻转180°，或将电池个数从偶数变为奇数，可以显著改进电路布局，如图6.5所示。

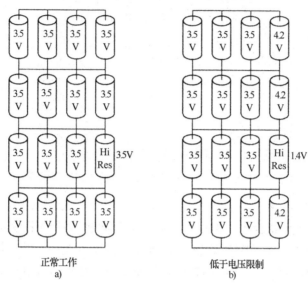

正常工作
a)

低于电压限制
b)

图 6.4　带有损坏单体电池的电池组

a）单体电池直接并联方式下电池组可保持运行　b）电池组并联方式下 BMS 将关停电池组

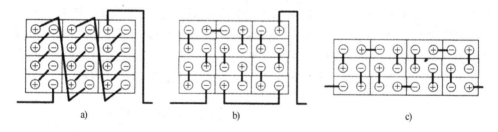

a)　　　　　　　　　b)　　　　　　　　　c)

图 6.5　电池布置

a）初始布局　b）通过翻转单体优化线路布局　c）通过将偶数单体电池变为奇数优化线路布局

　　使用三维 CAD 程序进行单元放置实验，或者用更简单的方式，基于实物大模型来模拟电池应用的场景。可以将建筑物绝缘层用作棱柱形单体组成实物模型，并将其置入实际的电动汽车进行布局模拟设计，如图6.6所示。

　　花费1min 时间精心设计一个电池的布局，可以节省1h 的系统搭建时间，并且从长远来看，可以大幅度提高制造品质。如果不擅长使用可视化工具，并难于想象旋转的三维对象，则建议向他人求助。其实，无论如何应该请别人审核一下自己的设计，他们将发现那些与你设计相关而你自己未能看到的东西。

### 6.1.1.3　电池组装

　　以下是关于电池组装的一点建议。

图6.6 微型电动汽车中的棱柱型电池实物模拟模型

**1. 在电池组装之前先进行均衡性选择**

从一开始就关注电池均衡性比电池组装之后再进行手动平衡或通过 BMS 监控进行均衡要好得多（采用 BMS 通道监测要耗费几个星期，并取决于均衡电流的水平）。有一种搭建均衡电池的方法，即使用由制造厂家提供的具有相同 SOC 数据和相同使用过程的单体电池进行装配。

另一种均衡电池的方法是在组装之前，对每个单体电池分别充电至其最高终止电压（例如 3.6V 或 4.2V，视其单体化学体系而定）。更好的是，将所有单体电池并联进行充电。这不仅很快（假设使用大电流充电器），而且假如让电池静置一天左右，直到里面没有电流流动（因此也没有因为内阻引起的偏差），所有单体电池具有相同的 OCV，因此也会在同一 SOC 水平，如图 6.7 所示。

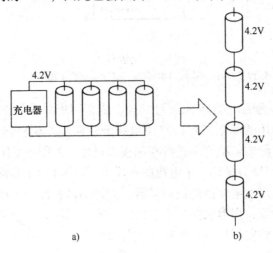

图 6.7
a）平衡并联电池 b）而后将其在电池中串联

### 2. 单体容量

与圆柱形电池不同，袋状和方形电池在 SOC 较高时会膨胀（见 1.2.1 节）。这种膨胀是必需的，目的是为了避免内层发生永久的变形和脱层。实现这一点的最简单的方法是在电池尚未完全充满时，将其对平放置，用厚金属板夹紧电池模块的两端，并捆扎结实，这样也许不会膨胀（见图 6.8）。包装托盘使用的金属条捆扎技术很适合用在此处。

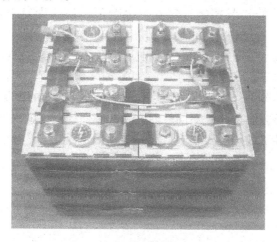

图 6.8　正方形单体电池堆

### 3. 单体隔离

通常单体电池外侧壳体是导电（小圆柱形），还是绝缘（棱柱形）是很明显的。不容易辨认的是，那些塑料包装的袋状电池看上去好像是绝缘的，而实际上却不是，如 Kokom 袋状电池边缘的熔融接缝会导电，与端部之间存在电压。Metric Mind 的 Victor Tilchonov 将铝制散热片围绕袋状电池堆时，发现了这一现象。电池被放电至 0V。因此，如果用导电性容器，一定要隔离袋状电池的边缘。

### 6.1.1.4　放置 BMS

设计电池时，应考虑 BMS 接线（非分布式 BMS）或电池板安装（分布式 BMS）的方便性；要考虑到在电池包安装之后仍可触及每一节单体电池，以便进行维护和故障排除；还要考虑到电池板上 LED（如果有的话）的能见度。

如果 BMS 使用了电池板，则要设法留出空间，尤其是如果单体板使用大电流进行平衡将辐射出较多热量。

如果 BMS 可以在一个电池块上被多点连接，那么就从方便接入的角度选择一个最佳点。例如，如果电池板可以被放置在电池的一侧或相对侧，则选择电池第一次打开时的那一侧，以便于可以立即实现 BMS 连接。

#### 6.1.1.5 电源电路

合理设计电池组的电源连接和线路布局是安全使用电池的必要条件。

1. 电源紧固连接

关于电池端子紧固有两个流派：一个流派认为应该只使用一个扁平垫圈；另外一个认为应该使用一个开口垫圈（SEMS）。平垫圈的说法来自于汽车行业，他们指出，在存在振动的情况下，适当的扭转可以让一个螺栓紧固保持多年可靠。扁平垫圈从螺栓接收扭矩，垫圈略微变形，是达到完全接触面积的理想元素。

开口垫圈的观点（见图6.9）来自电池行业，这项技术已经被成功应用了很久。在恒定的压力下，其主张在于，针对各种金属的不同膨胀速率（例如，铜圈端子，黄铜垫圈分裂，钢铁螺栓），开口垫圈继续施加的力保持在终端元器件上。扁平垫圈解决方案依赖于不同表面之间的完全接触，解决方案依赖于恒定压力下维持不同条件下的接触（作者同意开口垫圈流派）。

图6.9 电源紧固连接

无论如何，所有流派都认为垫圈是必需的，而锯齿锁紧垫圈（内部或外部星形）是不可取的。锁定螺母（如尼龙螺母）在受热膨胀以及受到振动时仍保持在原位，但也许只能一次。这样做的风险太高，因为可能会被缺乏经验的技术人员重用，所以不要使用。

人的手臂未经过校准。始终使用由工程师规定的扭矩扳手拧紧螺栓端至所需扭矩。虽然固定电池的单螺栓松动可能不会造成破坏，但负责电源连接的一个螺栓的松动可能会导致灾难性的后果。当电源连接器开始获得疏松的电弧时，会导致失火。被拆开的螺栓允许电源线绕在周围，可能使电池另一端短路并引发火灾，或可能与机壳连接，产生触电危险。有两个设计特征可以降低风险：一是创建一个抗旋转功能，以防止电源线旋转并由此松开螺栓，（例如，在电池侧保护电缆）；二是添加防止电缆从终端脱开而断电的功能。

在电源连接中，使用且只能使用所有的工程师指定的零部件。如果不这样做，可能会导致电弧，并可能会引起火灾。插电式混合动力汽车 Prius 介绍了由于扁平垫圈失踪而引起的火灾（见 1.2.3 节），这导致在电源连接器中用塑料片代替垫圈。在炎热的夏季，塑料软化，在接触时压力消除，随后会产生电弧，引燃其附近的可燃材料。过热的锂离子电池会爆炸。单体电池内部与电池组金属外壳接触，导致了两个存在约 100V 电压差的不同电池之间的短路。同时产生了等离子体，并通过金属壳体切割，使得剧烈的火花冲出电池组点燃了地毯。然后火苗移动到内饰的其余部分，烧毁了汽车[1]。所幸无人员伤亡。而却由于缺少一个垫圈，损失了一台 Prius。那台插电式混合动力汽车的制造商，Hybrids Plus，不久后即倒闭了。

必须要谨慎对待铝制电解槽终端（通常见于棱柱形电池中）。必须使用铝母线，或者用铜缆连接，用砂纸除去终端上的氧化层，在譬如 Noalox 区域使用脱氧剂。

当使用棱柱形单体时，检查一下端部以确保固定在内螺柱上的大螺母没有越过螺柱。如果是，电气连接将会经由螺母，而不是直接到螺柱。这将导致内阻增加，因为电流需要经过螺柱螺母之间的螺纹锁（见图 6.10）。

2. 电流分路器

一个在处理大电流和小电流传感器（物理上的"小"以及处理电流的能力"小"）时经常被忽略的技巧就是很容易将电流分到几个不同的路径中，有些会经过分流器，有些则不会。例如，使用两根相同的导线两端双双连接，每根导线将会分担一半电流。如果这些导线中只有一根经过开口安装电缆的电流传感器（见图 6.11），则传感器只需处理一半大小的电流（同时也只反馈一半大小的电流）。由此推知，可以使用 100A 的电流传感器来测量 1000A 的回路。

3. 电源和负载电流检测

许多应用场景下，电池电流有两个不同的路径，即

● 来自电源，比如充电器（或到充电器）。

● 送到负载，比如电动机控制器或逆变器（或来自于负载）。

值得注意的是，在有些场景下，尤其是在并网系统（见 6.1.3.4 节）中，电流还可以流向电源测，就如同可以从电源侧流出一样：汽车到电网（V2G），汽车到用户家庭（V2H），分布式电源（DR），削峰（在负荷高峰时从电池获取电能补给电网）。

还需注意，在很多应用场景中，尤其是对电动汽车来说，电流可以通过再生制动装置从负载侧流出。

图 6.10   棱柱形单体电池端部。中心立柱固定的大螺母，螺母不能越过螺柱。
如果与铜器连接，铝制螺柱必须用脱氧剂进行处理

图 6.11   电流传感器仅检测一束导线中 1 条线路的电流

在具有双线路的应用场景下，单独测量支路更具优势，尤其当其大小差别较大时。一个电流传感器位于负载和电池之间的电源线，另一个则放置在电池与负载之间。例如，典型的电动汽车应用是在夜间充电，然后行驶 1 ~ 2 个 h，充电电流比峰值电流要低。这个例子中，一个小的标量电流传感器可以串联接入从充电器侧引出的一条电源线中，而一个大的双向电流传感器可以安装于电源线与电动机控制器之间，以测量负载到电动机控制器之间的电流（并通过再生制动回流）。

4. 电流分流线路

电流分流器产生一个与电流成比例的非常小的电压。必须要避免层出不穷的小电压电噪声，或者由于分流器连接不当造成的精度损失。如果当前的传感器放大器不是直接安装在分流器上，则使用双绞线，屏蔽两者之间的电缆（见

图 6.12）。接地屏蔽仅在一端（通常在放大器端）。

使用开尔文连接的感应线。该检测连接点必须与电源连接点不同。此外，传感连接点必须是"内部"的电源连接点，从而使不受控制的电阻在电源连接时对两个接点之间的电阻不产生影响。

图 6.12　电流分流器的连接

5. 接触器和预充电

将电池组连接到容性负载（例如电动机控制器）时，会由于负载电容向电池组充电而产生一个浪涌电流。伴随大型低电阻的电池组和大电容负载的输入，浪涌电流峰值很容易达到 1000A。预充电电路可以在不限制工作电流的前提下限制浪涌电流。当出现下述任何一种情况时，则要求在电池组与负荷之间设置预充电电路：

- 负载具有可能被浪涌电流损坏的输入电容。
- 如果遭受浪涌电流，熔丝会烧断。
- 接触器（高功率继电器）会被浪涌电流损坏。
- 电池组单体无法匹配浪涌电流。

预充电电路（见图 6.13）的功能至少需要包括以下几个：

- 一个预充电电阻器，以限制浪涌电流（R1）。
- 正常运行期间将预充电电阻旁路的开关（K2）

另外，该预充电电路可以具有以下部件：

- 一个预充电继电器（K1），可以确保当系统关闭时流经负载的电流不会经过预充电电阻器。
- 与其他电池模块终端串联的接触器（K3），当系统关闭时隔离负载。

虽然预充电电阻可以很容易地安置在电池模块的负极端，但一般情况下，都将其置于电池模块的正极端。尽管可以使用任意代号表示电路元器件（R1，K2，

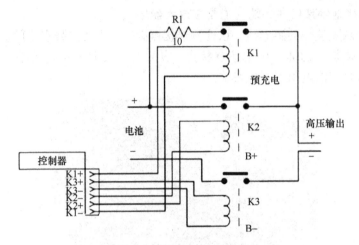

图 6.13　典型的预充电回路

K2 和 R3），但显然已经形成行业标准，因此最好沿用惯例。

　　预充电电路最基本的工作情况（见图 6.14）如下：

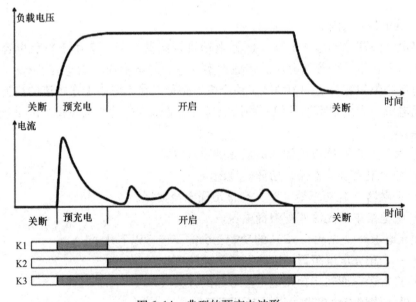

图 6.14　典型的预充电波形

　　● 关断：当系统处于关闭状态，所有继电器/接触器断开。

　　● 预充电：当系统第一次接通时，K1 和 K3 导通，并通过 R1 给负载预充电，直到浪涌电流消失。

　　● 开启：预充电后，接触器 K2 接通，电池直接向负载供电。继电器 K1 可关闭，以节省线圈功率。

此外，预充电电路也可以与传感器组合使用来检测接地隔离问题、负载短路问题，以及预充电电路本身组件的问题。这些方法是专门制定的，通常取决于BMS 制造商。

接触器选择。一个精心设计的系统，在正常运行时，接触器通常不能够中断满载电流，因为接触器在接通之前系统将把负载电流降低为零。因此，接触器的触发电流需要达到平均负载电流。例如，一个分断电流额定值 50A 的接触器和一个额定运行电流 100A 的接触器可以与 100A 的负载一起运行（是平均值，而不是峰值——峰值比 100A 高得多，而均值不超过 100A）。接触器必须匹配于最大电池组电压，因为触点在打开时将呈现此电压值。

接触器必须匹配额定直流运行。为中断任何开放时的电弧跨越接触器，匹配交流运行的接触器依赖于电流波形经过频率波形过 0 点时 0A 的实际情形。这些与运行在直流情况下的电池无关。直流额定接触器结合多种方式对在关闭感性负载时产生的电弧进行灭弧（见 5.4.6.1 小节）。直流接触器制造商包括 GIGA-VAC，KILOVAC（泰科）、欧姆龙、柯蒂斯/奥尔布赖特以及松下。

预充电继电器选型。预充电继电器需要满足电池组满载电压，因为当系统处于关闭状态时，继电器触点电压即电池组满载电压。AC 继电器之所以被用到，是因为当其关闭时，与其连接的接触器（K2）被接通，因此流经预充电继电器的电流是零。继电器需要能够处理浪涌电流的峰值，但由于平均电流低，断路电流几乎为零，继电器的电流额定值不是很关键，只要其触点能够匹配切换到功率负载（不是"干电路"）。

在实际应用中，继电器运行次数高达 10 万次。鉴于继电器趋于更高的额定循环次数（满负荷情况下），预充电继电器在其额定运行范围内可以保持良好状态。

电阻的选择。预充电电器的阻值可以根据负载的容量和所需的预充电时间决定。在经过 $T = RC$ 时间后，预充电浪涌电流达到其初始值的 $1/e$。经验法则是，在大约 $5T$ 时间后电流会减少到一个可管理的值。所以，如果期望的预充电时间是 500ms，负荷容量是 $10000\mu F$，那么

$$R = T/C/5 = 500\text{ms}/10000\mu F/5 = 10\Omega$$

预充电电阻器需要消散的能量相当于存储在负载电容的能量。因此，举例来说，一个 100V 电压的电池组和 $10000\mu F$ 的电容，其充入电容器的能量等于（也就是预充电电阻开启期间消耗的能量）：

$$E = (CV^2)/2 = (10000\mu F \times 100V^2)/2 = 50J$$

由预充电电阻器消耗的功率等于能量除以预充电的时间。例如，在 500ms的预充电时间内，有

$$P = E/T = 50\text{J}/500\text{ms} = 100\text{W}$$

预充电开始时，瞬时功率将相当高，即

$$P = V^2/R = 100^2/10 = 1000\text{W}$$

预充电期间，电阻器不需要耗散任何功率（不发热），但会承受突变强电流。这就是为何电阻器需要非常坚固并能处理高功率，但并不需要散热片。

有些电阻制造厂家已说明其产品的峰值功耗。例如，"过载能力：5 倍额定功率持续 5s。"此时，50W 的电阻可以满足 500W（远高于上述示例的 100W）的需求。电阻能否工作于特定的应用场景，能否尝试应用电阻，终将需要询问电阻制造厂商。线绕电阻通常建议安装在陶瓷、水泥或挤压铝上。感性电阻是可接受的。例如。

- 管状线绕：Ohmite270 系列，Vishay/戴尔 NL 系列。
- 水泥线绕商：Xicon PW-RC 系列。
- 挤压铝线绕：Ohmite89 系列，Staclcpole ICAL 系列。

## 6.1.2　BMS 与电池组的连接

虽然某些注意事项具有普适性，但是 BMS 连接到电池和测量电池电流的方式在很大程度上取决于 BMS 自身特定的性能。

### 6.1.2.1　电线电缆

BMS 电线与电缆均在所有电池单体之外，也在所有电池包之外，因此每个电池组的 BMS 电线与电缆都是加固的，以确保其不因裸露而过度磨损或遭受电力电缆干扰和电气噪声。安装低压通信电缆的标准与高电压通信线以及高电压分接电线不同，具体见下文。

#### 1. 高压通信电线

高压通信电线要求靠近电源侧连接而远离机箱侧。这不只是为了安全，还专门为了降低电噪声，将这些电线与电源之间的容抗最大化，并将电线和机箱（图 6.15）之间的容抗最小化。这是因为，在基频介于 5～50kHz 以及幅值为几百伏峰-峰值的情况下，负载的电子开关设备有可能使电源接线的产生电气波动（BMS 线路沿着这些走线）。只要 BMS 导线与监测的电源连线上下波动一致，就不会接触到差分噪声。将 BMS 连线和电源线之间的等效电容看成电容器 1，BMS 连线和机箱之间的等效电容看成电容器 2。这两个电容器在 BMS 连线的中点形成了一个电容分压器。只要电源线的容量足够高，BMS 线便不会遇到太多差模噪声。如果机箱容量变得显著，BMS 线会遭受许多峰值电压的差分噪声，这会导致 BMS 无法正常工作。

电池板之间花式链接的理想位置是沿着功率连接器（但并不是环绕周围，这会增加电感）。这使得由电力连接和花式链接形成的环形天线最小化（见

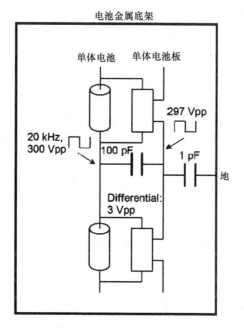

图 6.15 位于 BMS 连线与电源线之间的电容以及位于 BMS 连线与机箱之间的电容

图 6.16），并由此最大限度地减少了噪声。

图 6.16 环形天线区域：宽环路区域（左坏）和小回路区域（右好）

2. 低压通信电缆

低压通信电缆以地为参考，在大型电池组中，必须与机箱保持隔离。布置这些电缆需要关注两方面的内容：隔离和抗噪性。出于安全原因的考虑，低压通信电缆必须能耐高压（如 2.5kV）。这要求电缆及线路绝缘，以及其他的二次绝缘。

为了改善抗噪能力，可以使用双绞线电缆并进行屏蔽。屏蔽层应只在一端连接。屏蔽层通常与 BMS 主机共地，并与机箱隔离，或在一个独立的中点与机箱连接共地，同时两端都隔离。这些电缆应远离电源线（以减少它们之间的容值），靠近机箱（以最大化它们之间的容值）。

3. 高电压分接电线

对于高电压分接电线来说，由于是沿着电压显著不同的线路布置，所以隔离的问题更加重要。为安全起见，如果能靠近机箱（地），高压分接电线必须耐高压。

如果单体块（多单体电池并联）使用相邻单电源之间的连接，则将 BMS 连接到与电源连接的相同的单体电池上（见图 6.17b）。在并联单体电池之间的连接被破坏的情况下，如果 BMS 与其中一个外部单体电池相连，则不能保护仍与电源相连的单体电池，因为 BMS 在监测没有使用的单体电池，从而保持内部的 SOA（见图 6.17a）。

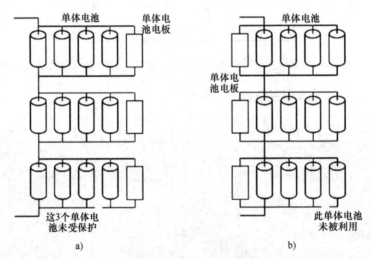

图 6.17 单体监控 BMS

a）不安全 b）安全

由于运行于直流环境且 BMS 含有输入滤波器，所以电气噪声不是高压分接电线重点关注的问题（在非分布式 BMS 中）。

### 6.1.2.2 相邻单体的布置

如果在某电池板，以及许多单体电池-单体电池级的均衡装置之中，在可能开启的单体（例如熔断器，接触器，安全断开装置）间存在一个可能的功率连接，那么，这些单体板和均衡装置将不能相邻放置，如图 6.18 所示。当电池组接入负载时，连接器应该开启，整个电池组电压（相反极性）将穿越电压陷落，并施加到电子组件，进行破坏。因此，不要将电子元器件布置于可能意外接入负载的功率连接器周围。

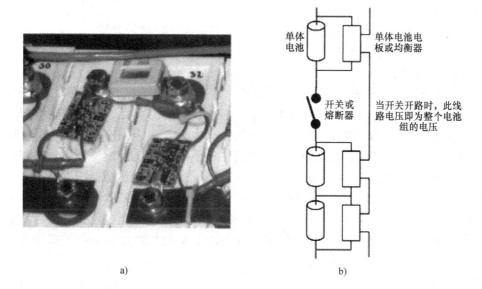

图　6.18

a）如果熔丝打开，两端的电池板将被销毁　b）表示断开的开关的电路

## 6.1.3　BMS 与系统连接

很多人在使用的第一天就损坏了电池组，因为他们太急于求成，并没有完成BMS 的连接（不仅大学生和电动汽车爱好者是这样，专业的汽车制造商也做过这些事）。要抵制诱惑，不要让同样的错误再次发生。确保正确设置 BMS 以控制负载和充电器，并且在使用电池组之前进行测试。

在专业系统中由中央处理器承担命令，使得 BMS 直接作为充电或放电设备。中央处理器与所有设备通信（如充电器，BMS，负载），从每台设备收集信息，向每台设备发送指令。在汽车生产领域，车辆控制单元（VCU）执行中央处理器的功能。该 VCU 可以从 BMS 收到 CCL 消息，例如负载电流不应超过 100A，而电流现在是 105A。VCU 会告诉发动机控制器应该运行在 X N- m 的最大转矩，并开始减少电池组电流直到其读数小于 100A。VCU 不仅使用 BMS 和发动机控制器两种不同的通信指令，也使用 BMS 和发动机控制器两种不同的判断方式。BMS 以电池组电流为依据，而发动机控制器以电机转矩或功率为依据（不依据输入电流）。

### 6.1.3.1　一般要求

除了使用可以自行切断电池组电流的保护器，BMS 能够控制该系统切断电池组电流是极为重要的。可以有各种方法达到此目的，但通常涉及以下方法：

● 直接向外部设备发送的控制信号或消息，以将其关闭（或由一个中央控制器来完成）。

● 直接控制电源开关断开电池组设备，或移除交流电源装置。

在后续章节会有范例。

### 6.1.3.2　充电器

BMS 和充电器连接在一起的方式在很大程度上取决于两个设备的复杂程度。BMS 控制充电器最基本的方法是通过电源继电器（或接触器）断开充电器的输入交流电源（见图 6.19）。这是一种可靠的解决方案，并且具有普适性。另一种可替代的方法是切断其 DC 输出，但这需要一个匹配的直流继电器，通常很难找到而且很昂贵。因此，断开 AC 输入是最佳方案。如果一个接触器线圈需要大量的功率，而 BMS 可能无法直接驱动，所以可能需要一个辅助继电器。辅助继电器需要翻转 BMS 的输出极性，通常情况下是关闭的，而当充电停止时进行。替代品继电器的是更加可靠的固态继电器（SSR），而且往往比同等级的接触器更便宜。

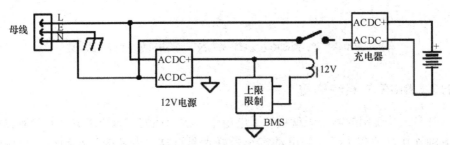

图 6.19　控制充电器的交流输入

在更复杂的情况中，一些充电器可关闭控制信号（通常，使用的具体的控制输入对应于某些功能，但是作为开/关控制输入）。

具体来看，Zivan[⊖]充电器有一个温度传感器的输入；可以通过将模拟热温度传感器连接到该输入停止充电，这样可降低输出电压。这与关闭充电器不同，但可以有同样的效果。Manzanita 公司的 PFC 充电器具有 RegBus 输入，其中包括充电器时短路两个引脚的禁用。两种充电器中这些输入都是电热，所以隔离是必需的，可由继电器、光隔离器或 SSR（见图 6.20）来完成。

复杂的更高水平方式是充电器采用模拟输入以便得到一个可精准控制的输出。当 CCCV 充电器完成均衡电池组充电，电流将逐步减少。BMS 希望在其他

---

⊖　Zivan 是意大利人，他的名字发音为 ZEE- Van。

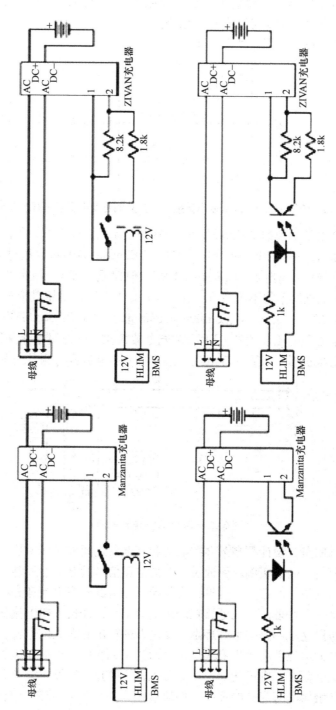

图 6.20　Manzanita 微型控制和 Zivan 充电器直接连接

时间也可以通过其 CCL 模拟输出来控制充电电流。许多情况下，充电器的控制输入不接地，并且期望是可变电阻（而不是电压）。一个简单的电子电路可以提供隔离并输出一可变电阻，如图 6.21 所示。

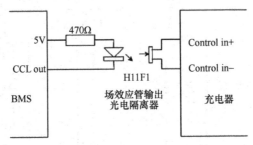

图 6.21　通过使用 BMS 的 CCL 输出模拟一个孤立的可变电阻器来减少充电器电流

　　顶级复杂水平呈现的是充电器和电池管理系统的完美匹配，彼此通过数据链路进行无缝通信。一个 BRUSA 充电器和一个 Elithion BMS 可以通过 CAN 总线相配合（就像 ELCON 充电器和 Guantuo BMS，但仅限于 CAN 总线上没有其他消息）。BRUSA 充电器不得不配置在一个 CAN 模式运行，禁用其充电曲线，并使充电器受控于 BMS。如此，不仅 Elithion BMS 能够关闭 BRUSA 充电器，还能够控制其输出电流和电压。此外，BRUSA 充电器将测量电池组电流并通过 CAN 总线报告，这意味着不再需要外部电流传感器对充电电流进行测量（见图 6.22）。

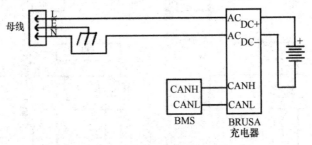

图 6.22　BRUSA 充电器控制

　　作者困惑的是，设计师多久会在电池和充电器之间放置接触器，因为作者尚未发现有必要这么做的实例。而通过一个低电压信号的充电器控制，或者通过断开其交流输入是更好的选择。可见，为了控制充电器而在电池和充电器之间放置接触器并不是一个好理由。充电器在未通电时不允许任何反向电流从电池侧流回充电器侧，所以这也不是一个好理由。充电器的输出有较大的电容，所以每次连接和断开充电的电池都会产生浪涌电流，而这是无用的。如果充电器从已连接负载的电池下突然断开，则可能会损坏。可见，为防止接触器可能突然打开而不在该位置使用接触器具有充分的理由。如果接触开关由 VCU 控制，充电时 VCU 必须保持供电，以增加与该低电压（12V）系统的连接。

作者建议只在电池和负载之间使用接触开关，并且仅当有负载时需要使用。然而，如果使用的偏离板充电器没有固有的安全 DC 充电口，则要求在电池和充电端口之间放置接触器，并隔离位于充电端口的端子，直到充电电缆与其配合。

### 6.1.3.3　电动机控制器

在最基本的层面上，一个 BMS 可以通过接触器断开电池组来禁用电动机控制器。复杂的新水平体现在与电动机控制器共同使用，将罐作为速度控制（节气门）。BMS 可以降低（最终祛除）到节气门的可用转矩。在机动车辆中，逐步减少现有的转矩比强行断电要安全（此方法不会与霍尔效应速度控制一起使用，该方法在所有时间都要求以 5V 供电工作）。

通常情况下，电动车辆的节气门是一个两线或三线罐。三线罐（其中刮水器被连接在全节气门）的顶端引线连接到电动机控制器的固定电压上（典型为 5V），要么直接连接要么通过一个电阻连接。与从电动机控制器馈送不同，当动力电池组接近放空时，来自 BMS（见图 6.23）的 DCL 输出馈送将导致可用节气门范围减少。

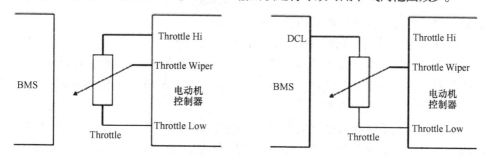

图 6.23　BMS 模拟接口与电动机控制器

更高级更复杂的方式是带有一个禁止输入的电动机驱动器。允许再生制动的电动机控制器（就如所有交流电动机逆变器那样）应该有两个独立的控制输入端，一个禁用正向功率，另一个禁用能量再生，因为有些时候电池组可以放电，但不能充入更多的电荷（Azure 的 DMOC 是如此，UQM 的 PowerPhase 则不是）。

电动机控制器和 BMS 完美匹配，并通过数据链路进行无缝通信。现在没有匹配的市售 BMS 与电动机控制器可以实现上述功能，VCU 需要在两者（见图 6.24）之间进行转换。CalMotors 的 PCM 则是一个具备这些功能的 VCU，GP 系列的交流电动机逆变器可以与 Elithion BMS 协同工作。

### 6.1.3.4　并网逆变器/充电器

电网连接的双向逆变器/充电器既是充电器（通常低功率）的组成部分，又是能够从电池组反馈给电网或给本地 AC 电源线能量的高功率逆变器，多被用于备用电源或调峰。电池组的 BMS 与逆变器/充电器配合，与标准 BMS 的不同只在于一个小细节，即不假设电流只能从充电器侧流向电池侧。测量充电的电流传

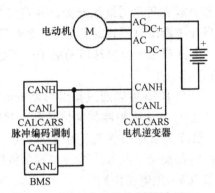

图 6.24　带有 CalMotors 电动机控制器的 Elithion BMS 接口

感器必须是双向的，其软件必须能够处理带符号值的充电电流和功率。

在一个陆基系统中，逆变器很可能是唯一的负载，所以任何 BMS 都可以运行。逆变器如同任何其他负载（与交流电动机的逆变器没有区别），因此 BMS 能够处理从电池组流入或流出逆变器的电流。

在移动应用［由车到网（V2G）或由车到用户家庭（V2H）］中，电池组要么由电机控制器供电，要么由逆变器供电。在这种情况下，BMS 将电机控制器看作负载，将充电器/逆变器看作充电器。这意味着 BMS 必须能够处理充电器/逆变器之间的一个双向电流。

能够包含数据链接报告状态的 BMS 比较好，在并网应用场景下，在要求向电网馈电时，需掌握电池情况。除了这些小细节，任何 BMS 工作在并网的双向应用场景，正如其他任何应用场景一样。

### 6.1.3.5　油表

在 EV 转换中，虽然由 BMS 的电池 SOC 驱动，但仍希望能保留原来的模拟燃油表形式。一个简单的电子电路（见图 6.25）可以将 0～5V 的 SOC 输出转换为燃油表所期望的信号。

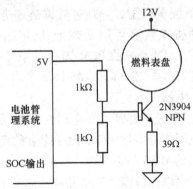

图 6.25　从 SOC 输出到模拟燃油表的适配器

许多车辆在一端具有一个 12V 的燃油表，并通过在燃料箱的电阻传感器（发送方）接地。发送方的电阻是：满载时为 4Ω，空载时为 107Ω。燃油表的电阻约为 127Ω，满载时通过的电流是 90mA，空载时电流是 35mA。

## 6.2　配置

许多 BMS 预置为给定的应用场景（例如，保护 8 个标准锂离子单体电池的保护器只保护 8 个单体电池，并只适用于 $LiCoO_2$ 单体电池）。对于其他特定的应用场景需要进行额外配置，例如单体电池的数量、化学体系，以及与外部系统如何连接。

### 6.2.1　单体电池配置

某些 BMS 可以为特定的单体电池进行配置，通常通过一个计算机接口或通过微调调整。这种配置意味着对特定的单体电池设定电压阈值。最少有三个阈值（有些 BMS 有多达 7 种不同的设置）：电池电压下限、均衡电压和高电池电压上限。有些电池管理系统还允许设定能够进行正常充放电的温度范围。用户可以研究单体及其规格表来决定适用于应用场景的最佳阈值。表 6-1 给出了一些参考值。

**表 6-1　为各种单体电池体系建议的设定值**

| | 最小电压/V | 平衡电压/V | 最大电压/V | 充电温度/℃ | 放电温度/℃ |
| --- | --- | --- | --- | --- | --- |
| Li- Ticanace（Altair Nano） | 1.5 | 2.7 | 2.8 | 20 ~ 55 | − 40 ~ 55 |
| $LiFePO_4$（A123, K2） | 2.0 | 3.4 | 3.6 | 0 ~ 40 | − 30 ~ 60 |
| $LiFeYPO_4$（Thundersky） | 2.8 | 3.4 | 4.0 | − 25 ~ 75 | − 25 ~ 75 |
| LiPo（Kokam） | 2.7 | 4.0 | 4.2 | 0 ~ 40 | − 20 ~ 60 |
| $LiCoO_2$（Gaia） | 2.7 | 4.0 | 4.2 | 0 ~ 40 | − 30 ~ 60 |

### 6.2.2　电池组配置

有些 BMS 需要设置使用的单体电池数量，也有可能是由电池组拆分的电池模块的数量。如果电池组使用了多种电池并联，BMS 需要相应进行配置。所以添加单个电池电压时，可以计算出正确的电池组电压。如果 BMS 能够估计电池组 SOC，必须指定电池组的额定容量。用户也能够配置的最大充放电电流（标称、峰值，或者两者兼而有之，取决于 BMS）。

### 6.2.3　系统配置

BMS 可以被配置为与系统中的其他设备（例如，负荷和充电器）协同工作的最好状态，以便控制它们。例如，在 BMS 的输出极性可以选择（常开或常闭）。用户可以设置一个反映延迟，以避免有害的跳闸。BMS 可允许用户指定存在于其数据链路的信息。这些信息中的数据格式，采用与在系统中其他设备兼容的格式。例如，CAN 总线的速度可以被设置为 125kHz、250 或 500kHz。

CCCV 充电器的电压应正好等于单体电池最高终止电压（例如，4.2V）与单体电池数量的乘积。如此，BMS 和 CCCV 充电器可以很好地协同运行，BMS 也能够进行电池均衡，进而使得充电器可以把所有单体电池充满（见图 6.26）。

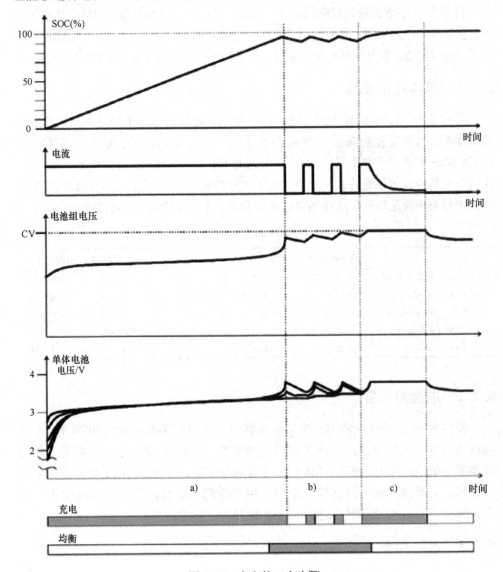

图 6.26　充电的三个步骤

a）满电流充电　b）平衡，充电器周期地开启/关闭　c）顶部关停充电

● 第 1 阶段：充电器打开，对所有单体电池充电，直到其中一个单体电池到达顶部截止状态。

● 第 2 阶段：当 BMS 平衡电池组时，它周期性地打开/关闭充电器（全电流），直到所有的单体电池达到相同的 SOC，虽然当时可能未被完全充满。

● 第 3 阶段：单体电池略低于顶端截止电压，BMS 允许充电器继续保持开通状态。当所有单体电池都有着相同的接近满充的电压时，电池组电压达到 CCCV 充电器的恒定电压。电池中的电流越来越小，直至电池达到完全充满的状态。

## 6.3　测试

仅因为有一个 BMS 安装于电池组内并不意味着电池组就受到了保护，还需要证明 BMS 可以很好地运行。在开始启用这个产品之前，一定要测试确保在电流关停状态下，是否有单体电池处于安全区域（SOA）之外。通过以下步骤，敏锐专注地观察单体电池的情况，此时不将 BMS 作为参考。

测试充电：

1）打开充电器电源。

2）需要注意的是 BMS 处于运行状态。如果是数字 BMS，请注意电池电压。

3）注意电流流入电池组。

4）注意 BMS 掌控流入电池组的电流，并且 SOC 值（如果可获取）正在增加。

5）注意电池的温度，确保其不越限。如果 BMS 可以读取温度，注意观察是否是正确的值。

6）注意当电压达到一定阈值（如果是顶端平衡 BMS）时，电池均衡开始于电量最多的单体电池。

7）注意只要任何单体电池电压达到最大值，充电中断。

8）当电池组达到满充状态，充电器电源关闭。

测试放电：

1）启动负载（例如，点火）。

2）注意 BMS 处于运行状态。如果是数字 BMS，注意电池电压。

3）注意电流流出电池组。

4）注意 BMS 可以掌控流出电池组的电流，且 SOC 值（并且可用）正在减少。

5）注意电池的温度，确保其不越限。

6）注意只要任何单体电压达到最小值，放电中断。

7）关闭负载。

如果上述任何步骤失败，识别并纠正问题。在确认 BMS 可以正常工作之前不要相信 BMS。

# 6.4    故障排除

故障的排除很大程度上取决于特定的 BMS，然而也有一些常规要点。

可以通过对 BMS 加强限制从而实现 BMS 功能的快速测试。例如，可以将最大电池电压临时设置为较低的值，只是为了证实充电停止控制功能。

通信问题可能是由于对电噪声的免疫力差。如果 BMS 开始报告错误数据或者在充电器开启时漏读某些电池板块，当负载具有高电流时，微弱的抗噪能力是可能的罪魁祸首。在通常情况下，很难在源头最大限度地减少噪声排放，这意味着只能改善 BMS 的抗噪能力。这里有一些要点，并不适用于所有系统。

## 6.4.1    接地

在 BMS（或其地平面）到机箱之间接入一个短的、小的电感可能会有所帮助。切断连接 BMS 和正在使用 RS232 电缆的笔记本电脑或显示器之间的接地回路。

## 6.4.2    屏蔽

使用屏蔽电缆和/或双绞线作为通信电缆，可以减少数据出错。

## 6.4.3    过滤

尝试在数据电缆使用铁氧体，在 CAN 总线上使用过滤器，在直流线路上使用旁路接地电容（信号和电源）。不要扰动负载电源线。

## 6.4.4    电线布置

沿电源导线在单体板之间布置高压电线通信（不要将其套在电力导线上），并远离机箱接地。远离电源布置低压通信电缆到单体板的导线，靠近机箱接地。

## 6.4.5    非计划断路

如果当一个大脉冲电流突然从中涌出时（例如，强行加速或负载浪涌电流）BMS 关停电池组，特别是在电池组被部分消耗后，电池的设计可能不适合应用场景（例如，电池内阻过高，并联单体电池太少）。可以尝试并联更多的低电阻单体电池，或者降低负载最大电流，或者可以尝试通过减少低切断电压阈值来

"剪除信使"，或通过向低截止电压响应添加延迟以使之更具韧性。

## 6.5　应用

　　BMS 系统的应用在本书不多赘述，因为其应该像杀毒软件一样在后台可靠地运行。然而，不是所有的 BMS 都可以独立于用户的操作。可以发现，仪表（见 2.1.3 节）要求用户是 BMS 的一个组成部分，通过不断关注显示器或者监听声音，并在不正常情况下采取适当的应对措施。只有一个训练有素的用户才能允许配备和操作这种 BMS。

　　同样，可以发现某些电池管理系统（监管机构，CCCV 充电器）不提供任何电池组的保护。只有有信仰的人才应该配备这样无效 BMS 产品工作。读完这本书，肯定明白，有必要安装一个在没有任何人或神的介入下也可以保护电池组的 BMS。

### 参 考 文 献

[1] Beauregard, Garrett, Report of investigation, *Hybrids Plus Plug In Hybrid Electric Vehicle,* National Rural Electric Cooperative Association, Inc. and U.S. Department of Energy, Idaho National Laboratory, ETEC, June 26, 2008.

# 符号及缩略语

μA 微安
μF 微法
μV 微伏
μΩ 微欧
Ω 欧姆
A 安倍
AC 交流电流
A·h 安·时
ASIC 专用集成电路
BIT 双极面结型晶体管
BMS 电池管理系统
C 库仑，或电荷
CAN 控制局域网络
CCCV 恒流/恒压
CCL 充电电流极限
DAC 数字-模拟转换器
DC 直流电流
DCL 放电电流极限
DOD 放电深度
DVM 数字电压表
ECU 电子控制单元
EEM 电气等效模型
EMI 电磁干扰
EV 电动汽车
F 法拉
FPGA 现场可编程门阵列
HEV 混合动力汽车
HLIM 上限
Hz 赫兹
I2C 内置集成电路
IC 集成电路
IGBT 绝缘栅双极型晶体管
IR 电流乘以电阻

J 焦耳
kHz 千赫
kW 千瓦
kW·h 千瓦·时
LA 铅酸
LC 电感-电容
Li-Ion 锂离子
$Li_4Ti_5O_{12}$ 钛酸锂
$LiCoO_2$ 标准锂钴氧化物
$LiFePO_4$ 纳米磷酸盐/磷酸铁锂
$LiMnO_4$ 锰酸锂
LiMnNiCo 镍钴锰酸锂
$LiMnO_2$ 亚锰酸锂
$LiNiO_2$ 镍酸锂
LiPo 锂聚合物电池
LLIM 下限
LT 线性电路技术
LVC 电池低压保护
LVL 电池电压下限
mA 毫安
min 分钟
MOSFET 场效应晶体管
ms 毫秒
mΩ 毫欧
NiMH 镍氢电池
OBD 车载诊断系统
OCV 开路电压
OOB 越限
PCM 保护电路模块
PCM 传动系统控制模块
PHEV 插电式混合动力汽车
PID 参数识别器
Pot 电位计

PWM 脉冲宽度调制

RC 电阻-电容

Regen 再生制动

RF 无线电频率

RX 接收/接收器

s 秒

SAE 美国汽车工程师协会

SMB 系统管理母线

SOA 安全工作区

SOC 荷电状态

SOH 安全状态

Spec 规范

SPI 串行外围接口

SSR 固态继电器

TI 德州仪器

TVS 瞬变电压抑制二极管

TX 发送/发报机

UART 通用非同步收发传输器

V 伏特

VCU 整车控制器

VIM 车辆信息管理

VMS 电压管理系统

W 瓦特

W·h 瓦·时

# 术　语

**AC impedance**

交流阻抗：由实部（电阻）和虚部（电感或电容）组成的复阻抗。

**AC motor inverter**

交流电机逆变器：一种将直流转换成交流的装置，可以将能量从电池转换到交流异步电机。

**Alternating current**

交流电流：有规律地迅速改变方向的电流。

**Ammeter**

电流表：电流测量表。

**Amp**

安培：电流的测量单位，1 安培等于在 1 欧姆的电阻上施加 1 伏特电压时流过电流的大小。

**Amp-hour**

安·时：电荷的测量单位，1 安·时等于以 1 安培电流充电 1 小时，电池单元或电池组中所存电量。

**Analog switch**

模拟开关：一种电子元器件，可以根据数字控制输入的状态进行两点间开关的控制。

**Asynchronous**

异步的：没有将时钟线分离的通信链接，而是把时钟线嵌入数据线之中。

**Backup**

备用电源：主电源断开时备用的电能存储设备。

**Balanced**

平衡：电池组中各个单元处于相同的荷电状态。

**Battery**

电池：由一系列单体电池串联或并联在一起组成的一个物理模块，可以提供较高的电压。

**Battery management system**

电池管理系统：对电池组进行监视、控制和优化的设备或系统。

**Battery pack**

电池组：由若干电池组成，可以串联或并联。

**Block**

电池块：由若干单体电池并联组成，以锂电池为例，可以提供 3～4 伏的电压。

**Bottom balancing**

底部均衡法：对电池组进行均衡，以使所有电池单元的荷电状态为 0。

**Calendar life**

使用寿命：电池单元较未使用时的容量损失，以百分比表示。

**CAN bus**

CAN 总线：用于工业和汽车的多点通信母线标准。

**Capacitance**

电容：一种电气元件（尤其是电容器）存储电荷的能力。

**Capacitor**

电容器：以电容为特征的电气元件。

**Capacity**

容量：电池单元或电池组存储电量的能力。

**Cell**

单体电池单元：电池组最基本的组成单元（在锂电池中每个 3～4V）。

**Charge**

电荷量：电子的数量。

**Charge current limit**

充电电流限制：电池管理系统所允许的最大充电电流。

**Charge**

充电器：将交流转换成直流的装置，从电网取电给电池充电。

**Chassis**

底架：一个产品，尤其是汽车的金属底架，通常被认为是产品或汽车的基础。

**Clock**

时钟：产生固定频率信号的电子电路。

**Comparator**

比较器：一种对两个输入端电压进行比较的电子元器件，当"＋"输入端电压高于"－"输入端时，电压比较器输出为高电平。

**Contactor**

接触器：大功率继电器。

**Converter, EV**

变换器，电动汽车：将普通汽车改造成电动汽车的人或公司。

**Coulomb**

库伦：1 秒内通过导体的电荷量的测量单位。

**Counter**

计数器：接受时钟脉冲并对其计数的电子元器件，可以输出一组二进制数，其值代表所接收的时钟脉冲的数量。

**Current**

电流：通过导体的电子流，单位为安培。

**Current source**

电流源：一种理想装置，即无论其两端电压为多少，它产生的电流都是不变的。

**Cutoff voltage**

截止电压：电压低于该值时，电池不应再放电；或电压高于该值时，电池不应再充电。

**Cycle life**

循环寿命：由于多次地完全充放电导致的电池容量损失，用循环次数损失的百分比表示。

**Daisy chain**

串级链：一种由 A 到 B，再由 B 到 C，依此类推的链接。

**Darlington**

达林顿复合晶体管：由两个晶体管组成，一个晶体管驱动另一个以提高增益。

**DC motor controller**

直流电机控制器：一种将直流电转换成较低电压直流电的装置，把能量由电池传送到直流电机。

**Decoder**

解码器：一种电子器件，可以接收 $n$ 位二进制地址，然后给出相应的输出。

**Depth of discharge**

放电深度：电池的放电量，单位为安时（或用%表示）。

**Direct current**

直流电流：方向不变（大小可能随时间改变）的电流。

**Discharge current limit**

放电电流限制：电池管理系统所允许的最大放电电流。

**Duplex**

双工：与单工相反，是一种可以进行同时双向通信的链接。

**Efficiency**

效率：两个相同单位的参数之比，比如放电量比充电量。

**Electrical equivalent model**

电气等效模型：一种与电池单元特性十分相近的电路。

**Electrolyte**

电解质：电池电极间的化学品。

**Energy**

能量：一个物体所做的功。

**Equalizer**

均衡器：同调制器。

**Estimated OCV**

估算开路电压：电池单元的理论的电压，通过电池内阻补偿计算。

**Farads**

法拉：电容的测量单元，以 1 伏电压给电容器充电时，1 秒内流入电容的电流为 1 安培，则此电容大小为 1 法拉。

**Hertz**

赫兹：频率的单位。

**High cutoff voltage**

截止电压上限：电压高于该值时，电池不应继续充电。

**High limit**

上限：电池管理系统的开关取决于电池是否可以充电。

**High voltage limit**

电压上限：同上限。

**I2C bus**

内置集成电路总线：置于车载外部设备间的双线式总线。

**Impedance**

阻抗：同交流阻抗。

**Inductance**

电感：电气元件（尤其是电感器）的参数。

**Integrator, vehicle**

整合器，汽车：同汽车整合商。

**Inverter**

逆变器：将直流电流转换为交流电流的装置，比如，将电能由电池转换到电网或者交流电机。

**IR compensation**

电池内阻补偿：根据电阻值和流过电阻的电流计算开路电压。

**Joules**

焦耳：能量的单位，1 焦耳为 1 安培电流流过 1 欧姆电阻 1 秒时，电阻发热所消耗的能量。

**Lead acid**

铅酸：标准汽车电池中的化学物质。

**Leakage**

漏电流：电池中消耗电荷的电流。

**Lithium ion**

锂离子：锂电池中的化学物质。

**Loop antenna**

环形天线：环状的无线电天线，用于检测电磁波的磁场成分，尤其是低频成分。

**Low cutoff voltage**

截止电压下限：电池电压低于该值时不应继续充电。

**Low limit**

下限：电池管理系统的开关取决于电池是否可以放电。

**Low voltage limit**

电压下限：同下限。

**Model**

模型：同等效电气模型。

**Motor controller**

电机控制器：同直流电机控制器。

**Motor inverter**

电机逆变器：同交流电机逆变器。

**Multiplexer**

多路复用器：根据指定输入地址，从多个输入中选择输入端的电子元器件。

**Nickel metal hydride**

镍金属氢化物：一种常用于混合动力汽车的电池中的化学物质。

**Off the shelf**

成品：市场上可买到的，与定制品相反。

**Ohm**

欧姆：电阻的单位。

**Op- Amp**

运算放大器：可以放大两个输入电压差值的电子元器件。

**Open circuit voltage**

开路电压：电池长时间闲置的电压，或电池单元的理论电压，通过电池内阻补偿计算。

**Overdischarge**

过放：一种超过电池安全放电的继续放电的状态。

**Overcharge**

过充：一种超过电池安全充电的继续充电的状态。

**Pack**

电池组：若干电池的串联或并联组合。

**Parameter ID**

ID 参数：协议要求并接受的电子控制单元的参数值。

**Peak shaving**

调峰：当电网急需时，用电池能量补偿电网的过程。

**Potentiometer**

电位计：可变的电阻。

**Power**

功率：设备每秒消耗或产生的能量。

**Power supply**

开关电源：将交流转换成滤波后的直流的装置，可以从电网取电供给负载。

**Powertrain control module**

传动系统控制模块：同汽车控制系统。

**Protection circuit module**

保护电路模型：保护型电池管理系统。

**RC circuit**

RC 电路：电阻和电容组成的电路，其值取决于电路的时间常数（$T = RC$）。

**Real part**

实部：交流阻抗的电阻分量。

**Reference**

参考值：同电压参考值。

**Regenerative braking**

再生制动：制动时回收机械能量并转化为电能，存储于电池中。

**Regulator**

调节器：（a）限制电池电压的装置；（b）同电压调节器。

**Resistance**

电阻：一个装置阻碍电流的能力，其值等于施加在它上的电压和流过它的电流之比。

**Resistor**

电阻器：以电阻为特征的元件。

**Safe operating area**

安全工作区：设备可以安全工作的特定参数值的范围。

**Self- leakage**

自漏电流：同漏电流。

**Self- discharge**

自放电：同漏电流。

**Simplex**

单工：只能单向通信的异步链接，与双工相反。

**SMB**

串行测量板：内置集成电路总线的超级集合，与智能电池同时使用。

**Solid state relay**

固态继电器：模拟机械继电器某些功能的电子装置，但它使用的是光隔离器和某些类型的晶体管。

**Spec sheet**

规格表：元器件上制造商的数据。

**SPI bus**

串行外设接口总线：车载外部设备间的三线式总线。

**State of charge**

荷电状态：单体电池或电池中所含电量与其容量的比。

**State of health**

安全状态：相对于额定工况的任意的电池状态。

**Synchronous**

同步：带有与数据线分离的时钟线的通信链接。

**Thermal runaway**

热散逸：因高温产生更多热量，进而造成更高温度的加速失控的恶性循环。

**Thermistors**

热敏电阻：对温度敏感的电阻。

**Time constant**

时间常数：一个参数渐进趋于其最终值的 $1/e$ 所需要的时间。

**Top balancing**

顶部平衡：使各个单体电池达到 100% 荷电状态的平衡。

**Traction pack**

蓄电池包：用于电动汽车的大电池组。

**Trimmer**

微调电位计：偶尔进行调整用的小电位计。

**Unbalance**

不平衡：电池组中的单体电池处于不同的荷电状态。

**Underdischarge**

非饱和放电：在仍可以放电的状态下，单体电池停止放电的状态。

**Undercharge**

非饱和充电：在仍可以充电的状态下，单体电池停止充电的状态。

**Vehicle control unit**

汽车控制单元：管理汽车上不同装置的中心计算机。

**Vehicle information management**

汽车信息管理：同汽车控制单元。

**Vehicle integrator**

汽车整合商：将各类装置整合为新汽车或改造汽车的企业。

**Volt**

伏特：电压的单元。

**Voltage**

电压：两点间的电势差，单位为伏特。

**Voltage drop**

电压降：由电流流过电阻产生的电压变化。

**Voltage management system**

电压管理系统：电池管理系统。

**Voltage reference**

电压参考：一种电子器件，可以接收某一电压，并产生较低的，准确的电压和低功率输出。

**Voltage regulator**

电压调制器：一种电子器件，可以接收某一电压，并产生可以驱动其他电路的固定电压。

**Voltage source**

电压源：是一种理想装置，即无论流过它的电流为多少，其产生的电压是不变的。

**Watt**

瓦特：功率的单位，1 瓦特为 1 安培电流流过 1 欧姆电阻时消耗的热功率。

**Watt-hour**

瓦时：能量的单位，1 瓦时为 1 安培电流流过 1 欧姆电阻 1 小时消耗的热能。

**Zener diode**

稳压二极管：一种只能单向导通的电子器件，只有施加的反向电压达到击穿电压时才会反向导通。

北京市版权局著作权合同登记　图字：01-2015-2806 号。

**图书在版编目（CIP）数据**

大规模锂离子电池管理系统/（美）达维德·安德里亚（Davide Andrea）著；李建林等译. —北京：机械工业出版社，2016.10（2023.11 重印）

（国际电气工程先进技术译丛）

书名原文：Battery Management Systems for Large Lithium-Ion Battery Packs

ISBN 978-7-111-55057-0

Ⅰ.①大… Ⅱ.①达… ②李… Ⅲ.①锂离子电池 Ⅳ.①TM912

中国版本图书馆 CIP 数据核字（2016）第 240056 号

机械工业出版社（北京市百万庄大街 22 号　邮政编码 100037）
策划编辑：付承桂　　　　　责任编辑：付承桂　任　鑫
责任校对：刘雅娜　杜雨霏　封面设计：马精明
责任印制：单爱军
北京虎彩文化传播有限公司印刷
2023 年 11 月第 1 版·第 8 次印刷
169mm×239mm·17.5 印张·333 千字
标准书号：ISBN 978-7-111-55057-0
定价：69.00 元

凡购本书，如有缺页、倒页、脱页，由本社发行部调换
电话服务　　　　　　　　　　网络服务
服务咨询热线：010-88361066　　机 工 官 网：www.cmpbook.com
读者购书热线：010-68326294　　机 工 官 博：weibo.com/cmp1952
　　　　　　　010-88379203　　金 书 网：www.golden-book.com
**封面无防伪标均为盗版**　　　　教育服务网：www.cmpedu.com

# 相关图书推荐

书号：978-7-111-64218-3

定价：79 元

书号：978-7-111-60579-9

定价：89 元

书号：978-7-111-59622-6

定价：79 元

书号：978-7-111-59621-9

定价：79 元

书号：978-7-111-59903-6

定价：99 元

书号：978-7-111-60830-1

定价：69 元

如果您想写作、翻译，或者推荐优秀外版图书，都请随时联系我。

策划部主任：付承桂

邮箱：fuchenggui2018@163.com

QQ：24011025

电话：010-88379768